Maria Montessori

世界教育名著译丛

家庭中的儿童
与人格塑造

〔意〕玛丽亚·蒙台梭利 著

梁海涛 译

Il Bambino in Famiglia & Formazione Dell'Uomo

上海人民出版社

译者序言

人是谁？儿童又是谁？教育是什么？教育的方法又是什么？世界著名儿童教育家玛丽亚·蒙台梭利在《家庭中的儿童》和《人格塑造》中为儿童的父母、教育工作者和整个社会给出了她的见解和答案。

玛丽亚·蒙台梭利(1870—1952)出生于意大利中部一个普通的家庭，青少年时期就对数学和生物学表现出浓厚的兴趣。大学期间，她注重实验研究，尤其是实验卫生学方面的研究，她还在罗马儿童医院研究了儿科学，这些对她未来从事儿童教育产生了非常重要的影响。1896年蒙台梭利毕业于罗马大学医学系神经精神病学专业，成为意大利最早毕业于大学医学专业的女子之一。工作伊始，蒙台梭利便致力于儿童心理治疗并投身于妇女解放的运动。之后，她的研究重点逐渐转向教育，尤其是儿童教育领域。1907年，蒙台梭利用她的教育理念创立了第一所"儿童之家"。此后，她出版了很多著作，阐述了她对儿童的认识，她的教育实验、实践、理论和方法。蒙台梭利教育思想和教育方法在世界各地得到传播，直至今日，无论是在发达国家、发展中国家，还是贫困国家,到处都有采用蒙台梭利教育法和以蒙台梭利命名的托儿所、幼儿园和中小学校。

历经两次世界大战,蒙台梭利看到了儿童遭受的痛苦和所处的境遇。受法国启智教育先驱伊塔尔的教育实验理论和神智学思想的影响,蒙台梭利的理论学说触及宇宙目的、遗传学、进化论、基督教的原罪论、人性的善与恶和弗洛伊德的精神分析理论等诸多方面。在她看来,人的出生带有宇宙的目的,其目的就是战胜自然,创造"超自然"的社会,在适应社会环境的同时创造更美好的人类社会。她认为人不像动物一样遗传了同类物种的特征,而是通过进化和改变,遗传了人类作为高级动物的潜能。因此,新生儿在出生后不会说话,没有活动的能力,并不能说明新生儿来自虚无,新生儿实际上是一个灵魂胚胎,是一片星云。婴幼儿有自己神秘的心理图谱和精神力量,他们将按照心理图谱和宇宙法则,在潜意识的作用下自主地发挥潜能和内心能量,发育成长并塑造自己的人格特征。自然法则和心理规律决定了儿童正常发育成长和人格形成的过程。人在出生后并无善恶之分,人性的善与恶是教育和人自身发展的结果。

因此,人来自儿童,儿童是成年人的老师,要培育未来的人就要教育好儿童,教育必须从出生时抓起。

然而,在历史上和社会现实中,存在着对儿童的歧视和偏见,成人和成人社会行伪善之欺,使儿童受到压抑,得不到正常的成长和发展,并且导致心理偏离。要破除歧视和偏见,必须从研究儿童入手,尊重自然法则和儿童神秘独特的心理特征,研究并适应他们的心理图谱和个性需求。与此同时,成年人,也就是家长、教育工作者和儿童周围的所有人必须改变自己的观念,尊重儿童和儿童的权利。

蒙台梭利正是基于对儿童,尤其是对幼儿和学龄前儿童的观察、研究和实验总结了她的教育理论和方法。蒙台梭利认为,只有在儿童真正有兴趣时,他们才能"自由地劳动",即做自己喜欢做的事情和游戏。儿童受本能驱使,按照自己的心理图谱,会自发和满怀热情地去做他们那个年龄阶段需要做的事情,同时发挥他们的心理能力和生命冲动,并形成那个年龄阶段的人格特征。因此,成年人应该满足儿童的"意志",只有这样,儿童才能展现他们的创造力,变得自信、讲秩序、守纪律、积极主动和集中精力投入劳动,他们的身体才能协调运动,心理得到健康发展,掌握更多的文化知识并最终主宰自己。这正是蒙台梭利教育思想的真谛,也是蒙台梭利教育理论和方法有别于任何其他应用于普通学校的教育理论和方法的根本所在。

蒙台梭利提出,必须为儿童创造一个符合他们生理和心理需求的环境,需要给儿童"自由"思想和行动的空间。老师和家长必须学会从旁观察,减少介入,在必要的时候才进行干预和引导。为此,蒙台梭利在《家庭中的儿童》一书中给出了三个基本原则,即尊重并理解儿童的理性活动形式,满足儿童的愿望并教会儿童独立,关注外界环境对儿童的影响并且小心应对。

蒙台梭利毕生献身于儿童教育工作,她相信,消除对儿童的偏见,尊重儿童,给予儿童自由,让儿童在适合的环境中成长,必将创造出全新的儿童和儿童形象。为此,需要有全新的父母、全新的教师帮助和引导儿童,而且必须创造良好的儿童成长环境,不仅在营养和卫生领域,还有教育心理学涉及的各个方面。另外,她的教育思想,不涉及地域、种族、国别和政治制度的差异。她关注的是儿童,只为了儿童,因为儿童是民族、社会和人类文明的未来。

梁海涛

2018 年 5 月 6 日

目 录

家庭中的儿童

(IL BAMBINO IN FAMIGLIA)

《家庭中的儿童》收集整理了 1923 年蒙台梭利在布鲁塞尔一系列报告会上的文稿。在这本书中,蒙台梭利向孩子们的父母提出了教育建议,为父母和教育工作者提供了有关心理健康的指南,其目的是避免在父母和子女关系问题上出现互不理解的隐患。

历史的空白

我们的教育方法（它以个人的名字命名，用以区别现代创办其他诸多新型学校的尝试）为发现过去尚未得到关注的儿童心理特征创造了机会。可以说，一个"未被理解的儿童新形象"浮现在我们面前。

为此，我们积极地开展社会活动，旨在让人们更好地了解儿童和保护儿童，并承认儿童的权利。这是因为，有许许多多幼小生命生活在强势的人群中间，不被理解，而且由此潜藏并反映了他们的生命深切需求的声音从未达到成人社会普遍意识的高度，这种不受质疑的事实几乎成为一个错误的深渊。

在使用我们教育法的学校里，儿童平和地劳动，压抑的心灵得到释放和发现。当儿童向我们表现出他们的天赋，可以实际做出完全相反或与人们对儿童普遍持有的观点背道而驰的行为时，我们不得不开始反思，从古至今对人类最脆弱群体无意识犯下的错误是多么的严重。

儿童向我们展露的现象揭示了儿童心灵仍然潜藏的一面。他们的行为活动表现了心理学家和教育者从未思考过的某些趋向。

儿童并不追求人们自以为他们喜欢的东西，比如玩具；他们对那些幻想出来的故事也漠不关心。除非在必要的情况下，他们首先想要在能够自主完成的行为中从成人那里得到独立，而且明显表现出不希望得到他人帮助的意愿。在劳动的过程中，他们表现得平静专注、精神集中，得到的那种安逸和从容令人惊叹。

显而易见，源自内心生活的神秘力量激发了这种自发的行为活动，但是过去它却在成人固执己见和不恰当的干涉下被压制和掩盖。然而，成人却认为他们所做的一切都是为了儿童，因而成人用他们自己的活动替代了儿童的行为活动，迫使儿童不断地屈从于他们的想法和意愿。

我们作为成人，在理解和对待儿童时，还不仅仅是在某些教育细节或不完善的办校形式上犯了错误，而是走上了一条完全错误的道路。因此，它如今成为一个新的社会和道德问题。过去在成人和儿童之间出现的纷争持续了几个世纪，却无人干涉，而如今儿童在两极之争中打破了社会平衡。正是这种变化推动我们采取行动，不仅针对教育者，而且还针对所有成人，特别是父母。

我们的教育法得到广泛普及，在世界有着不同种族、习俗和文明的各个国家里创建了采用我们教育法的学校，这说明成人和儿童之间存在纷争的普遍性，它使人自出生起便处于危险和无意识的压制状态之中。在我们这样被认为文明程度较高的社会里，因为社会生存问题以及明显远离自然生活和没有行动自由，纷争变得更加尖锐。

儿童生活在由成人创造的环境中，生活在一个不适合他的生命需要的环境中,不仅仅是在身体上,而是首先在发展和开拓智力与精神的心理需要上。儿童被比他们更强大的成人压制,成人为他们做出安排,强迫他们适从成人的环境,而且十分幼稚地思索儿童有朝一日必须像社会人一样生活在这样的环境之中。

几乎所有自诩为教育性质的行为都充斥着迫使儿童直接适应成人世界的观念,因此它是粗暴的,是建立在毋庸置疑的屈服和绝对服从基础上的。它否定了儿童的个性,使儿童成为被无理评判、侮辱和责罚的对象,而这些情况在成人之间从来是不允许的,即便是他的下属。

这种态度根深蒂固,即使是在孩子最受宠爱的家庭中也非常突出,在学校里则表现得更加激烈,学校几乎总是扮演着一个让儿童系统性地、直接和过早地完成适应成人世界需要的场所。因此,学校里强制的劳动和严格的纪律把人类最脆弱的萌芽,一粒孕育最纯洁精神生活的种子,播种在了一个与他格格不入的和有害的环境中。许多情况下,家庭和学校在教育问题上的默契已经化为一种强者压迫弱者的联盟,使那个含糊不清和胆怯的声音在世界上永远无法得到回应;儿童努力想得到倾听,但心里却无端地被刺伤,常常跌落到被迫屈从的恐惧的黑暗之中。

成人对待儿童正确和仁爱的行为应该是为他们营造一个"适宜的环境",有别于强大和个性特征已形成之人所处的环境。教育实践应从创造环境入手,让儿童避开顽固和危险的障碍,能够让他们远离成人的世界。躲避风雨,沙漠绿洲,精神宁息静养的地方,在那里能够"为上帝献上蒙悦的服务"[1],这才是应该在这个世界上创造的环境,才能保证儿童健康地发展。

从来没有一个社会问题像压迫儿童那样如此的普遍。在社会生活中渐渐求得解放的受压迫者总是属于某一个有限的社会阶层,如奴隶、仆从,最后是工人。冲突往往通过暴力手段,在压迫者与受压迫者之间的公开较量中得到解决。由林肯总统发动的反对奴隶压迫的美国南北战争,反对贵族统治的法国大革命,以及当前力图实现新经济原则的革命,都是成人群体之间的激烈较量,成人因此陷入了令人无法理解和混乱的错误中。

然而,儿童的社会问题没有阶层、种族和国别的界限。没有社会职能的儿童仅仅像一个成人的附属品。当一种邪恶压迫了某一部分人,却有利于另一部分人,其程度达到改变社会整体结构,或仅仅被集体意志领悟的时候,人们在俯视之余才注意到,在苦难之人和受压迫者中间还有儿童的存在;几乎所有保护儿童的声音都述说儿童是无辜的、痛苦的,后果将严重影响到成年人。那个成人的附属品是脆弱的,无法表达自己的权利,往往令人痛心疾首,尤其令人哀悯同情和怜悯仁爱。这其中有被压制的儿童、幸福的儿童、穷人家的孩子、富家子弟、被抛弃的孩子和被爱若天使的孩子,它反映出对人类复生新芽的思考以及成年人中思想的反差。

那么,儿童是谁呢?儿童被看作是人的复制品,这个萌芽毫无疑问是他自己的财产。从来没有一个奴隶像儿童属于成人那样是其主人的财产,也从来没有一个仆从像儿童服从成人那样必须不容置疑和始终如一地顺从。法律从来没有忽视过成人的权利,但对儿童却并非如此。从来没有工人必须按照厂主的意志工作且不能诉说,但儿童却是这样。工人有他自己自由的时间和家庭作为避风的港湾,他的心声在另一个人的心中总可以找到回应。从来没有人像儿童一样始终在成人的压迫下劳动,成人按照自己的最终标准,给他们规定劳动的时间和睡眠的时间。

在社会层面上,儿童被认为是一个本身"不存在"的人。因此,人们希望儿童生活在成人舒适的家中,妈妈理家,爸爸工作,父母能够照顾他们;人们希望学校也尽可能再现家庭的状态(幼儿园),好像这才是给儿童最理想的祝福。

但是,在与成人不同的个性中,儿童从来没有想要颠覆这个世界。儿童几乎所有的思想和生活哲学都是按照成人的标准设定的,为儿童着想的儿童社会问题从来没有人考虑过。

为了生命达到最崇高的目标,需要满足儿童有别于成人的需要,但是儿童本身的个性特征却从来没有得到重视。他被看作是一个需要成人帮助的弱小生命,从来不具备人格,没有权利,被成人压迫。

儿童作为一个劳动者,作为一个痛苦的受难者,作为一个在我们生命历程中支持我们前行的最好的伙伴,他的形象还没有被我们认识。对此,在人类历史中还存在着一页空白。

我们正是要开始填补这个历史的空白。

新生儿

我们的文明是什么？文明是一种渐进的帮助,使人更容易适应周围的环境。如果是这样的话,是谁更突然和根本地改变了刚出生的新生儿所处的环境？我们的社会文明为新生儿提供了哪些帮助和照顾？对于那个在诞生时从一种存在突然转变为另一种存在,必须艰难地适应环境的人来说,我们又做了什么？

因此,在人类文明历史中,应该有开篇的一页来讲述文明的人为帮助新生儿适应完全不同的新环境在做些什么。

然而,什么也没有。生命历程的第一页还有待书写,因为还没有人想过要揭示人类新生命的需要。

另外,以往的经验也让我们意识到一个可怕的事实:我们在婴幼儿时期发生的不幸会持续一生。胚胎期的生命和婴幼儿时期的风雨历程,对于成人的健康和种族的未来都起着决定性的作用(如今这一观点已经被普遍认同)。那么,为什么"出生"的问题,人在一生中需要经历的最艰难的时刻却得不到重视呢？为什么不想想,不仅对母亲,对新生儿来说,这同样是一种可怕和难以应对的危险呢?

　　新生儿的困境在于他此时完全脱离了出生前为他付出一切的母亲。他离开母亲,完全依靠他自己弱小的力量,突然之间要完成自己生命的全部功能。而在此之前,他却躺在那里成长,温暖的羊水为他而生,让他更好地休息,保护他避免任何碰撞和温度失调。那里没有一丝的光线,也没有一丝的声响。

　　此时他离开了那个环境,开始生活在空气中。变化突如其来,没有过渡阶段。他之前是在休息,突然间他要历尽艰辛来到世界。他的身体被挤压,就好像强迫一个成人从可怕的石磨下钻过去,他需要调整和活动所有的关节。他就这样来到我们中间,从之前完全休息到刚刚付出难以形容的努力,极度的反差使他变得疲惫无力。他体虚气弱,就好像一个从远方到来的朝圣者。而我们,我们该怎么迎接他,帮助他呢?所有人都在母亲的周围忙忙碌碌。医生只是粗粗地瞧他一眼,看他是不是健康和有活力,好像在说:"你现在健康地活了,剩下的就靠你自己了!"家人激动地、高兴地看着他,在接受上帝这份礼物时他们自私的心底里幸福之极。"生了一个漂亮的孩子,生了一个小男孩。"刚出生的孩子让他们满足并实现了一个美好的愿望:成年人有了一个儿子,孩子在家庭中的存在将所有人聚合在爱的情感之中。

　　父亲或许想看看孩子的那双眼睛,想打开看看将来会看到他的眼睛到底是什么颜色。

但是,当人们想到母亲累了,要给她周围创造昏暗和安静的环境时,有谁想到过刚出生的孩子也累了,也要让他呆在一个昏暗和安静的地方,让他慢慢地适应新的环境呢?没有人看到刚出生的婴儿是一个正在遭受痛苦的人,也没有人想过,从没有被人触碰过的幼小身体极度敏感以及在经历每一次从未有过的接触时,他对无数次新的感受所产生的身体反应。

人们常说顺其自然。但是,大自然只是给予必要的帮助,除此之外,每一个生命都要经历同样的考验。

然而,文明为人类创造了第二个自然,它超越了大自然并阻止大自然像对其他生物那样自如地发挥作用。我们观察动物时会发现,有一段时间,母亲会把幼崽藏起来,避开光线,并且用她柔软的身体温暖幼崽。她非常爱护幼崽,不允许外人靠近,也不让幼崽被外人挪动和窥视。

但是,对于新生儿,对于上帝创造出的最崇高和最微妙的生物体,大自然和人类文明却没有着意去减轻他适应环境的困难。

人们只想到,新生儿能活下来就足够了,唯一显而易见的目标就是新生儿不要失去生存的力量。新生儿刚出生就变得僵直,马上被穿上衣服,而过去还要被缠裹起来,弱小的四肢被强行舒展开。

人们或许说,新生儿很健壮,能够适应和坚持下去。难道我们就没有力量适应和坚持下去吗?那么,为什么我们冬天要取暖,要有松软的地毯和舒适的座椅,要想方设法让我们的生活变得轻松和惬意?我们不是比刚出生的新生儿更强壮吗？既然我们强壮，为什么我们不能够栖身在树林里呢？

死亡像出生一样也是自然法则，所有的人都必须遵从。为什么人们在想尽办法避免那个可怕的时刻？为什么人们即使知道死亡不可战胜，也要尽量减少死亡的痛苦？相反，为什么没有人想要减轻出生的痛苦呢？

我们的心里有一片奇怪的空白，它类似眼底的盲斑，是我们精神和我们所创造的文明中存在的某种盲点，是我们生命深处的盲斑。

我们应该充分地理解新生儿的处境，这样就会看到，完全有必要在婴儿开始新生命的时候，让他更容易地适应环境。刚出生的婴儿应该成为精心照顾的对象。抱起刚刚出生的婴儿应该非常小心谨慎，要极其缓慢地挪动他。人们会明白，在刚出生的时候，在出生后的第一个月里，要让婴儿安静。历史的发展表明，婴儿穿的衣服在逐步减少，如今已经减得很少了。人们知道婴儿应该保持裸体，从周围环境里获得温暖，而不是包裹在衣服里，因为婴儿自身没有足够的热量抵御外界温度的变化，衣服的作用很小。

在此，我不想继续谈这个话题，因为我相信，每一位妇女都可能会说，我无视了在她们的国家里婴儿得到的照顾。但是，我必须回答说，我了解这些内容。我对很多国家做了研究，通过细心观察，我发现缺少应有的觉悟，我要强调的是缺少为真正迎接人的诞生应具备的觉悟。

人们的确在尽力而为，但是，如果不去看过去看不到的东西，做过去没有做过的事情，为过去看似完备和完善的东西增添新的内容，进步又是什么呢？

儿童在任何地方都没有得到应有的理解。

我们在开始时就表现出隐隐的畏惧，害怕儿童会给我们造成破坏或带来麻烦，我们几乎有一种防范儿童的本能，即使我们拥有的东西分文不值，也会本能地保护和吝惜。

从那一刻起，一切就这样持续下去。成人内心里总是在不断地强调：别让孩子搞破坏，不要弄脏了，不要捣乱，不要扰乱我们平静的日常生活。

当家里有了孩子后，人们不仅要忙着保护自己所有的东西或者逃避打扰，而且还要纠正孩子所谓任性的毛病，使得孩子不要胡作非为，将来成为一个有教养的人，好像这就是儿童首要的道德义务。

但是，在我们行动的过程中，我们却不理解儿童，犯了非常严重的错误。我们把儿童的某些行为看作是任性的，其实并非如此。

例如，儿童有一种本能在 1 岁时开始显露出来，两岁时表现最为突出。这就是儿童为了构建智力，需要看到东西始终放回原位并按照它原有的用途使用。如果不是这样或者某人扰乱了物品的秩序或用途，对儿童来讲就构成了障碍，他会感到伤心和痛苦，要让物品按照他的需要尽可能地回到原位，他在保护物品的同时也在自我保护。

这是儿童生活真正的需要，我们看到，在我们的学校里，小小孩本能地将所有东西都放回到原处,并本能地回到原来看到过的地方寻找那些东西。

我们来举几个事例。

一个小男孩看到一些沙子在地上,他正在看的时候,母亲也注意到散落在地板上的沙子,于是便扫掉了。小男孩开始绝望地哭喊,母亲并不理解他。小男孩把沙子捡回来,放在原来的地方继续观看。这时,母亲明白了孩子哭喊的原因并认为孩子任性。

有一个母亲感觉热了,于是脱掉外套搭在手臂上。孩子开始哭叫,但没有人明白是为什么。母亲重新穿上外套后,孩子安静了下来。这是因为他看到东西离开了原位,让他心绪不安。

成人总想纠正儿童的这些毛病,但是我要明确地说,纠正这些毛病毫无意义,因为这些毛病在儿童长大成人之后将不复存在。一个成人如果看到他身边的女士脱下外套,是肯定不会哭的!

如果我们不能理解事实本身,把它看作是一种任性,我们至少应该明白,这些毛病将来是会消失的,因此没有必要担心。当我们的认识走上这条道路,我们将开始明白很多东西,开始爱儿童,包括他们可爱的毛病。可以说,我们将从中得到享受,想到这些毛病会消失,我们甚至会伤心难过。

还有一个例子,一个两岁的小男孩,保姆总是在同一个浴缸里用同样的方法给他洗澡。因为保姆有事外出,于是让另一个保姆替她。小男孩每次在新保姆给他洗澡时都要哭,保姆不知道是什么原因。原来的保姆回来后问他:"你为什么哭呀？那个阿姨不好吗?"小男孩回答说:"不是,因为她把我反着放在浴缸里。"一个保姆习惯头在边上,而另一个保姆习惯脚在边上。孩子需要看到始终如一的东西是他生活的一部分,他尽可能地保护,我们则称这种保护是儿童的"任性"。

灵魂胚胎

新生儿是"灵魂胚胎"，被看作是隐藏在肉体中的灵魂来到了这个世界。

科学却认为新生的人来自虚无。这时，人是肉体，没有灵魂，只能证实构成人完整组织和器官的发育。但它同样也是一个谜。为什么那个复杂和活生生的躯体来自虚无呢？

新生儿的形态是发人深省的出发点。婴儿出生时没有行为能力，而且要持续较长时间，婴儿不能站立，需要像病人，像瘫痪者一样护理；婴儿不会说话，在很长一段时间里，他能发出的声音只有哭叫和疼痛的喊叫；他就像一个祈求救助的人，需要别人跑过来帮助。只有经过较长一段时间，几个月、一年或更长的时间，他才不再像一个病人，而是成为一个幼儿的人的躯体，他的声音将会变成人的声音。

就这样，成长发育过程中某些特定的心理和生理现象促成了胚胎的"肉化成人"。

肉化成人是一个通过某种能量激发新生儿无活力的躯体，使新生儿能够活动四肢,拥有语言能力、行为能力和自主表达能力的神秘过程,由此人化作肉身。

事实上,婴儿在出生后很长时间内没有活动能力的现象令人印象深刻,而那些哺乳动物却在刚出生后或在出生后很短的时间里就可以站立和行走,跟在母亲身后。尽管声音微弱,还不完美,但它却能微弱地发出同类的语言。小猫真的发出喵喵声,羊羔咩咩叫,小马驹微弱地嘶嘶啼叫,总之,这个世界听不到刚出生的小动物的尖叫和哀嚎。它们具备活动能力的预备时间是非常快的,准备很容易。可以说,动物肌体在出生时就已经被本能激活,本能决定了它们的行动。人们可以看到,幼虎在出生后是如何的灵活,一只刚出生站立起的小山羊是如何蹦蹦跳跳的。任何刚出生的动物不仅仅是一个肉体,它还潜藏了一些功能,它不是生理器官的功能,而是受本能驱使的功能。所有本能通过活动表现,代表着动物物种的特征,与动物身体外观相比,本能表现出的物种特征更具有持久性,并且独具特色。正如动物一词,动物的特征不在于它的外形,而在于它的生动性,它的灵魂。我们可以把所有这些非植物性功能的特征,笼统称为心理特征。刚刚出生的动物身上已经具备了这些特征,但是,为什么作为婴儿的人却没有这些特征呢?

有一种科学理论解释为,动物的行为能力是同一物种动物代代积累经验和遗传的结果。那么,人为什么如此落后,不能从祖先遗传呢?人早已能够直立行走,早已能够说出复杂的语言,并且人想要把所学到的东西传给自己的后代。

在这种矛盾下面肯定隐藏着一个真理。我们在此举一个不太贴切的例子,用我们生产的物品进行比较:有些物品用模具或是机器快速批量生产的,完全一样。其他一些物品则是手工精雕细琢慢慢生产的,各不相同。手工制作的价值在于每件物品都留有制作者的痕迹,比如,刺绣艺人的手艺,艺术作品的天才创作。可以说,动物和人在心理特征上的差异在于:动物像是批量生产的,每个动物会即刻繁衍出同一物种固有的一致的特征。而人像是手工制作的,每个人都有所不同,每个人都具有创造精神,创造力使人成为大自然的艺术杰作。然而,这个工程却是缓慢和漫长的。在外象效果表现之前,需要有一种不间断的内在工作,它不是固定类型的复制,而是全新的主动创造。因此,它是一个谜,将得到一个出人意料的结果,正如艺术作品在向公众展出之前,艺术家会把作品一直藏在画室里倾心修改和制作一样。

形成人类个性特征的长期工作是肉化成人暗藏的工程。尚没有活动能力的人是一个谜。我们唯一知道他的事情是,他将来什么都可以做到,但我们却不可能知道,他将来是谁,在我们面前的新生儿将来会做些什么。在这样一个没有活动能力的躯体里,包含着所有生物中最复杂的机制,它归属于自己。人属于他自己,他必须通过自我意志的帮助才能肉化成人。音乐家、歌唱家、运动员、暴君、英雄、罪犯、圣人,等等,所有的人都同样降生于世,都带着一个谜,只有通过个体的发展和世间的活动才能破解这个谜。

婴儿出生时无活动能力的现象,在哲学思考方面早已被广泛认识,但至今仍没有引起医生、心理学家和教育工作者的注意。然而,这种现象是我们必须去认识的诸多明显的客观事实之一。很多现象就这样长期被人们忽视,隐藏在潜意识里。但是,在日常生活实践中,这种儿童本身的自然条件却带来了很多后果,对他们的心理生活构成了严重的威胁。儿童的自身条件使人们错误地以为,不仅儿童的肌肉是消极被动的,即肉体无活动能力,甚至儿童本身也是无活动能力的,儿童是一个被动和心理生活空虚的人。儿童将来肯定会有非凡的表现,但发展的表现是比较晚的。因此,成人错误地相信,在此之前,是他们通过对儿童的照顾和帮助,给了儿童灵性。对此,成人觉得有一种义务和责任,并且显现出他们才是儿童的塑造者和心理生活的建设者。成人设想他们可以从外部完成创造性工作,通过刺激、指导和建议,使儿童获得智慧、情感和意志。成人自封了一种近乎神圣的权力,甚至相信自己就是儿童的上帝,自认为像《创世记》中所说的:"我将用我的形象创造人。"傲慢成为人的第一个原罪,自诩为上帝则是造成后代不幸的根源。事实上,如果说儿童拥有破解个人谜底的钥匙,拥有发育成长的指令和既定的心理图谱,那么它们在实现过程中应该是潜在的和非常脆弱的。而成人受其想象中天赋权力的驱使,主观和不合时宜地干预,可能抹杀儿童的心理图谱或扭曲儿童心理图谱的自我实现。是的,成人完全可以从人的源头上抹杀神圣的心理图谱,如果世代相传下去,人将在肉化成人的过程中畸形成长。最大的问题在于:尽管不能表现出来,但是儿童拥有主观的心理生活,他们需要长时间秘密地营造和艰难地实现。

这种观念让我们看到一个令人惊叹的事实:一个被禁锢、暗藏的灵魂努力要见到光明,要诞生和成长,用意志唤起无活动能力的肉体,使之逐渐获得灵性,用降生于世的力量投入意识的光明。然而,在新的环境中,却有另外一个拥有巨大权力的巨人在等着他,要控制他。为了迎接人的肉化成人的伟大现实,我们没有做好任何准备。对于这样一个如此艰巨的事业,没有任何保障;对于这样一个如此艰难的努力,没有任何帮助,相反,到处都是障碍。

肉化成人的儿童是一个灵魂胚胎,他需要生活在为自己成长的环境中。就像胚胎需要母亲孕育一样,这个灵魂胚胎也需得到一种充满活力、挚爱和提供丰富营养的外界环境来保护。在这个环境中,所有的事物都是为了接纳他,没有任何阻碍。

当成人最终认识到这一事实的时候,他们就应该改变对待儿童的态度。儿童灵魂胚胎正在肉化成人的事实警醒我们,并要求我们承担新的责任。我们喜欢娇嫩可爱的儿童,把儿童看作我们手中的玩具,却只是对他们的身体健康备加呵护,然而他们还有另外一面,要求我们给予崇敬。"应给予儿童最大的尊重。"[2]

肉化成人通过潜藏的努力得到实现,但是人们对这种创造性的工作还不了解,还没有著书立说。没有一个生命体能够感觉到尚未存在的自我意识,但这种意识将指挥还没有活力的东西,让它具有活力和秩序。一旦不明确和复杂的生命开始拥有意识,感知与外界环境的关系,它就会通过身体肌肉的运动,努力实现这种意识。因此,我们应该让儿童这种潜藏的努力变得神圣,应该让这种勤劳的表现随时得到发挥,因为这是一段创造时期,它决定了人将来的个性。基于这种责任,我们必须努力工作,用科学的手段,探索儿童的心理需要,并为他们准备一个生机勃勃的环境。这是一门科学长期发展的初始阶段,为此,成人应该用自己的聪明才智,经过不懈的努力,掌握人类发展最终的奥秘。

爱的老师

儿童对从成人那里听到的所有东西都极其敏感,而且非常愿意服从成人。我们根本无法想象,儿童从骨子里就愿意始终如一、尽善尽美地服从成人,而且这还是他们的特点。这里说一件小事,一个小男孩把一只便鞋放在床上,妈妈对他说:"这东西很脏,鞋不应放在那里。"然后,妈妈用手掸掸床单。这样,小男孩每次看到便鞋就会若有所思地说"很脏!"而且还要去用手掸掸床单。

我们还想要什么呢?儿童敏感到了极点,已经敏感到成人对自己所有的言行都必须慎重的地步,成人的一言一行都会印在儿童的脑海里。儿童是非常顺从的,因为顺从是他的生命。

成人是值得尊重和敬爱的,从他的口中涌动出智慧,引导着他。因此儿童被打动,就像一颗精神的子弹射入他的心脏。

面对儿童的任性,我们应该想到,这种任性可能是活力的体现、深层次的保护,同时反映出儿童始终准备着热爱和服从我们。

儿童爱成人,我们应始终把它牢记在心里。我们经常说:"大人多么爱孩子！母亲多么爱孩子！"对于老师，人们也经常说："老师多么爱孩子啊！"

人们常说，应该教儿童去爱，爱母亲、父亲、老师，应该教他们爱所有的一切，爱所有人。那么，谁是爱的教师呢？他想教儿童怎么去爱呢？难道是那些称儿童所有的表现是任性，处处想要防范他们的人吗？成人如果不经过专门的训练，不能打开带有觉悟的明眸，放眼更加宽广的世界，是不可能成为爱的教师的。

儿童深爱着成人。当他上床睡觉时，总想着有他爱的人陪伴在身边。但是，他爱的人却说："不能让他这样任性，不能让孩子养成没有人在身边就不能睡觉的坏习惯。"

或许他还会说："孩子想和我们一起吃饭，如果不让他在一起，他就要哭闹，好像就想我们不要吃饭。"这就是成人的言词，对儿童没有爱。

孩子希望在亲人吃饭的时候与他们在一起，他只不过是一个不到一岁的婴儿，不会吃饭，只会吃奶。我们在吃饭的时候，他可能会哭，但如果我们把他抱上餐桌，他可能就不会哭；或许人们在吃饭的时候忘记他的存在，他会呜咽，因为他希望在人们交谈时受到关注。

谁会在将来某一天，当我们在吃饭，而他可能不吃饭，却因为非常想见到我们而哭泣呢？将来有一天，我们会多么伤心地说："没有任何人会在他要睡觉的时候，想让我留在他的身边而哭泣。所有的人都想着自己，带着一天下来满腹的心绪入睡，没有人会记着我！"

只有儿童会想着我们，每天晚上都会说："别离开我，留在我的身边!"但是,成人却说:"不行,我有事要做,你怎么这样任性?"成人想着要改变他,否则就会成为爱的奴隶!

有时孩子在早晨醒来后,会跑去叫醒还想继续睡觉的爸爸和妈妈。一般情况下,所有人都会埋怨孩子这种任性。然而,早晨起床不过是所有人都该做的事情罢了。太阳升起后,所有的人都应该起床,但是父母还在睡觉,而这个小孩子来到他父母身边,不过是想说:"你们要学会健康的生活,早晨就要起床。"儿童并不是老师,他只是想看到父母,因为他爱父母。早晨醒来后,他首先想着要去他爱的人那里,或许他要穿过门窗紧闭,没有晨光透入的黑暗的房间,孩子跌跌撞撞地往前走,不怕黑暗,不怕虚掩的房门,他走近父母,轻轻地碰一下他们。父母多少次在说:"孩子,不要早晨过来叫醒我!"孩子回答:"我没有叫醒你,我只是吻了你一下!"父母总是想方设法纠正孩子。但是,在我们的生活中,有谁会在醒来之后,就马上想到我们,克服了重重困难,跑到我们身边,不是为了叫醒我们,而只是为了看到我们,给我们一个吻呢? 有谁会为我们做这件事呢?

尽管我们对这些爱的举动并非无动于衷,但我们总是在说要改正儿童这些任性的行为。

内心充满挚爱的儿童还不仅仅是在早晨唤醒父母,他们睡得太多了,甚至经常睡梦一生! 我们所有人对事物都有麻木懈怠的倾向,因此需要有新的人用不同于我们的方法唤起我们,让我们保持清醒,需要有另外的人采取有别于我们的行动,每天早晨都过来对我们说:"你瞧,还有另一种生活,你要更好地生活。"

更好地生活吧,因为人可能退化,而儿童却在帮助他升华。成人如果忽视它,便会迷失方向,慢慢地在他周围形成一个坚硬的外壳,最终让他变得麻木不仁。

新型的教育

我们从很多方面经常听到,教育应从出生时抓起。但是,该怎么做却还是一个问号。除了在卫生健康方面对儿童的关注,它好像是一种纯粹的理论和无法实践的东西。有些医生想到要为1岁以内的婴儿做专门的训练,让他们活动四肢,帮助他们掌握将来某一天能够做到的自主活动。我们认为这是错误的。我们可以感觉到,新生儿有很多事情要做,他们并不喜欢这类教育。另外,除了不能局限于这种感觉外,我们还可以明确地回答:以那种方式理解对新生儿的教育是一个错误,因为我们知道,成人活动婴儿的四肢时,替代了婴儿的活动,成人采用了一种非常普遍的错误方法。成人不该替代儿童,而是应该退居被动地位,始终深刻地理解儿童。

儿童的活动应该发端于他自身,被他组织的内心生活唤起,这种内心生活的组织,我们称为"肉化成人"。

肌肉如果不是为意志服务,就不可能被视为正确的成长发育。活动是一个人个性作用的表现。我们只能等待内心生活自我组织,但是,我们要学会在儿童组织内心生活时,在缺乏表达能力,特别是语言能力(只有它可以准确表达个人的意志)的时候理解这个过程。这种更深刻的理解是慢慢获得的,很显然,前提是首先需要具备良好的愿望,并且确信存在需要观察的东西。

我们总是把孩子抱起来放在一边,把他看作是一个无所事事的躯体或是令人费心的人,因为他需要太多的照顾,用哭叫打扰成人。我们很长时间把他丢在一边,一年的时间里不顾他的内心生活,直到他自己完成巨大的工程。的确,宗教也注重幼小孩子身上的个性特征,天主教认为婴儿已经有了灵魂,承认精神生活的存在,因而为他们洗礼。但是,尽管如此,天主教并没有注意到婴儿在个性整体发展最关键的时期具有潜藏的特征。当错误的后果不是影响已经完成发展的事物,而是影响正在发展的事物时,错误是更加有害的。由于错误干扰了儿童的发展,所以变得更加严重,它可以影响整体个性特征的形成。由此,我们应当明白,这个问题不仅在教育上,而且在人类历史发展上都是至关重要的。

我们应该努力观察那些细微的表现,观察儿童的精神生活在出生后如何立刻开始发展,以及在最初的几个月里就已经获得的显著变化。

幼小的儿童,尽管已经有些成长,但仍被教育者看作是一个"软蜡",可以按他们自己的方法进行塑造。人们的确可以把儿童比作"软蜡",但是,它的错误在于教育者想要利用这种条件去塑造儿童。恰恰相反,儿童必须自己塑造他自己的"软蜡",这是儿童成长不可或缺的必要条件,它同样也使儿童的表达器官真正得到激发。但是成人,作为幼小儿童无上权威的主宰,却通过盲目、粗暴和不合时宜的干涉,抹杀儿童开始自我塑造软蜡的雏形。把成人的干涉说成是极其可怕狠毒的,我们说得并不过分。

日本的一个传说讲到,死后升天的小孩子在冥界里用许许多多小石头辛苦地建筑小塔,恶魔在不断破坏小塔,比小孩子造塔的速度还要快。这是对儿童的折磨。

成人的行为也正是这种行为,尽管与自主意志无关,但这种行为却像恶魔一般,摧毁和破坏了儿童在精神生活中正在辛勤并艰难创造的一切。成人并没有发觉,儿童开始重建,成人再次把它破坏。这场斗争从婴儿还完全没有活动能力,还不能协调自己的活动,不会说话的时候就已经开始了。

这时,人们开始明白,在这样一个如此敏感的时期,教育是多么的重要(比以后的教育还要重要),这时的成人应该处于被动中,不能盲目或不合时宜地进行干涉,不要成为一种破坏性和摧毁性的力量。

回到地狱和恶魔的话题,我们可以提两个观点:上帝在创造,恶魔在破坏。我们可以选择作为教育者的道路,但是在选择教育者的道路之前,首先需要以我们的敏锐性了解应采取的行动,帮助儿童进行自我塑造,明白我们需要自我克制的方面,不要成为恶魔,也就是不要成为破坏者。创造者是儿童,绝对不是我们。人们应该明确这个观念,但是在大众的头脑里却不太容易理解，因为我们生活在偏见之中，认为我们成人才是新生命的创造者。因此，我们需要开展净化自身的工作，并从偏见中解放出来，消除我们身上那种自赋无上权威的不切实际和恶魔般的妄想。

在此之后，我们应该更好地去理解儿童的个性特征。这时，作为照顾新生儿或婴幼儿的教育者应该做的第一件事，就是承认新生命的个性特征并尊重它。如果我们不能接受在我们生活的环境中儿童打扰我们，把他们丢弃在另外一个地方，这就是缺乏对儿童的尊重。我们在陪伴受尊敬的人之前，会问是否可以。同样，我们在带小孩子出门散步的时候也应该这么做，这样是不会错的。如果我们在吃饭，小孩子在另一个房间里，我们发现他因为不想离开家人在哭，那么，我们把他隔绝在我们的环境之外就是对他缺乏尊重。就像对待一个值得尊敬的人一样，我们应该想到，幼小儿童很想在吃饭的时候和我们在一起，我们对此应该感到高兴，把孩子放在身边。也许人们会说，这在卫生健康上对儿童不利，但是我们无需过分担心，因为有很多东西都对儿童不利，而我们也都听之任之了。我们该说实话，是因为这个小客人让我们讨厌，所以不要乱找借口。

儿童是比较敏锐的观察者，我看到儿童能观察到的事物让我们难以想象。这听起来令人感到惊异。因为我们只是想在引起儿童注意的时候，才认为有必要在他们面前摆放一些颜色鲜艳的东西，或是用手势和高声讲话来给他们留下印象。我们不知道，儿童拥有很强的观察能力，他们热情地汲取各种各样的形象，不仅仅是物体的形象，还包括动态形象。在儿童的心理世界里，他们在汲取物体的形象，物体与物体之间的联系，而且他们的心理发展已经非常进步，即使我们甚至认为它还不存在。例如，一个4个月大的婴儿出生在家里，还没有离开过家门，他只分别见到过两个男人，他的父亲和叔叔。有一天，他同时看到两个人在一起。婴儿表现出很惊异的样子，看看这个，又看看那个，看了很长时间。父亲和叔叔站在婴儿面前，给他足够的时间进行观察。如果两个人离开或因为讲话分散婴儿的注意力，他就不可能在辨别的过程中集中精力，给他留下深刻的印象。之后，两个人慢慢分开，让他能够有时间看看这个，再看看那个，并确信他们是两个不同的人。这就是一种成人教育者的训练，它在帮助婴儿进行早期的内心塑造。

我想举另外一些还不会走路和说话的婴幼儿的例子。

有一个人怀里抱着一个几个月大的婴儿。婴儿看到餐厅里挂着几幅水果的图画，便盯着看，并且做出要吃的样子。他还在吃奶，但是他看到过大人吃水果的样子。于是，这个人注意到婴儿的好奇和乐趣，便抱着他停在画前，直到他失去好奇心。

这个人是一个教育者，他能够让婴儿进行心理训练，让婴儿重复曾经看到过的成人所做的事情。

另一个例子是，在一个大厅里有一些跳芭蕾舞的雕像，一个小男孩看到雕像就开始跳舞，因为他以前曾经看到过跳舞，注意到跳舞的人都呈现出雕像上的姿态。

孩子们能够察觉到在一个房间总是放着同样的东西,如果一个人放了某些之前没有的东西在那里,小孩子就会观察那些以前从来没有的新东西,并询问是什么东西。我想说一下关于一个小女孩的事,大人带她在自家的别墅里散步,她看到墙边有一块石碑,这块石碑让她印象深刻。每次散步时,她都要停在石碑前观看才能得到满足。

毫无疑问,儿童喜欢阳光、鲜花,喜欢看到动物在运动,这完全可以理解,因为我们知道,儿童是细心的观察者,能够整理看到的形象。儿童进行活动是为了满足观察的需要。他们观察成人说话时的嘴唇。我们以为要引起儿童对我们的注意,需要叫喊,叫他们的名字,而事实却不是这样。相反,如果我们不说话,而是以明显的方式嚅动嘴唇,他们就会全神贯注地注意我们嘴唇的活动。是某种东西在吸引他,唤起他们的敏感性,去他们需要完成的工作。如果一个人仅仅嚅动嘴唇,同时把一个只有 4 个月大的婴儿抱到他的面前,我们就会看到婴儿会表现出极大的兴趣。嚅动嘴唇的动作显然比自然界里的东西更让他喜欢,因为它可以促进婴儿的模仿能力,而且也符合他的内心发展需要。

我们再谈谈年龄更大一些的儿童。我看到日本父亲对孩子的理解比我们更加深刻。一位日本父亲带着他两岁大的孩子散步,当孩子坐在便道上时,孩子的父亲并没有说:“地上有土,别那么任性! 我们走吧!”他只是耐心地等着孩子站起来,然后继续往前走。这也是对教育者的一种训练,因为这位父亲克制了支配他人的个性特征,尊重孩子的活动,服从了孩子的个性。我还见到一位日本父亲,他叉开腿,任由他的孩子绕着他的腿玩耍。这位父亲站在那里表情严肃,在静思默想着什么。我很钦佩教育者的这种智慧,很多国家的人已经掌握,或许他们知道保持传统,而我们却只操心社会生活中那些属于成人的事情。

我见到过一位母亲,她曾经学过我们的课程,当时她正领着她的孩子在米兰的大街上。空中传来教堂的钟声,孩子想停下来听,但是母亲却压抑了孩子那时喜悦的心情,一边责备他,一边强迫他继续往前走。正如你们所看到的,要让成人对儿童采取被动的态度并不是一件容易的事。但是,我们仍然需要让成人努力理解儿童的要求,懂得克制自己作为塑造者傲慢自大的态度,为此我们需要内心生活的自我教育。

当今,我们只关心儿童要有新鲜的空气和阳光,但是这两样好东西只对身体有益。如果说阳光能够满足儿童的身体需要,那么我们可以比喻说,在他们的精神世界里却没有一丝阳光,成人用他们的力量盲目破坏了儿童缓慢、复杂,而且是极其重要的内心塑造。

如今,成人应该有所感悟,认可儿童所有的需要。只有这样,成人才能给儿童提供必要的帮助。如果需要制定一个原则,那么这个原则就是让儿童参与我们的生活,因为儿童在学习各种运动的时期,如果他不看到他人怎么做,是不可能学好的,如同聋子不可能学会说话一样。接纳儿童,也就是说,让他参与我们的生活是比较难的事情,但它没有任何代价,只取决于成人的心理准备。婴儿不会活动,不会让别人讨厌,他的存在或许是一种精神的存在。对于接纳儿童的做法,卫生健康观念所坚持的成见在执着和顽固地进行反驳,认为儿童是一个生长体,应该长时间地睡眠。可是,为什么要强迫儿童睡眠呢? 如果我们让他随心所欲并带在身边,我们就会看到,他睡得很少很少。

迫使儿童睡觉的成见在斯堪的纳维亚人中很普遍,但是没有根据,而我们却不加分析地拿来为我所用。有一次,一个小男孩走过来对我说,他想看一个很美丽的东西,他听说过很多次,那就是星星,他从来没有看到过,因为只能晚上看到,而他却要很早就上床睡觉。显而易见,儿童被强迫睡眠,很难进行内在的心理塑造,他必须与成人抗争,而成人在破坏他的建设,甚至强迫他睡眠。

耶稣在教我们大慈大善时说:"不要吹灭烛烟。"也就是说:"不要熄灭即将逝去的烛光。"我们在教育中也可以引用这一仁爱的原则:"不要抹杀儿童内在塑造软蜡的图谱。"这是在儿童内心塑造时期,成人作为教育者所应负有的最大的责任。

因此,教育最基本的概念就是不要成为儿童发展的障碍。其中根本和困难的问题并不是需要知道该做什么,而是要明白,为了实现儿童教育,我们要摒弃哪些自负和愚蠢的偏见。

我的教育法概述

由于教育所要达到的目标是让儿童自己适应社会生活的形式,而这种社会生活是成人的形式,并且与儿童婴幼儿时期的自然条件相矛盾,所以很明显,在老式的学校和传统家庭教育形式的环境中,幼小的儿童并没有得到真正的重视。儿童只是一个"将来",只代表着"未来",因此,在长大成人之前,他们根本不受重视。

然而,像其他人一样,儿童也有完全属于他自己的个性特征。他带着造物主赋予的美丽和尊严,永远也不可能被抹杀。因此,他们纯洁、敏感的心灵需要我们给予最体贴入微的照顾。我们不应仅仅关心他们幼小柔弱的身体,不应仅仅想到要尽心喂养他们,给他们洗澡,为他们穿衣。人活着不只是为了吃,童年时代也是如此,物质是次要的东西,各个年龄阶段的人都可能嗤之以鼻。就像成人一样,奴役使儿童感到卑微,而且导致儿童极其没有尊严。

我们创造的社会环境不适宜儿童,所以他们不理解。由于他们不懂得如何适应我们的社会,被排斥,所以被托付给学校,在很多情况下,学校也就成了他们的监狱。如今,我们已经明显看到,在那些采取传统教育方法的学校里造成了怎样严重的后果。儿童遭受的不仅是身体上,还有精神上的痛苦。教育的根本问题,即性格教育,至今仍被学校忽视。

另外,在家庭环境中,也存在着同样的原则性错误。人们只想着儿童的未来,想着他们将来的生存问题,而从来不关注他们的现在,关心他们在儿童时代的需求。在一些现代家庭里,人们至多开始注重儿童的身体健康,例如,合理的膳食、洗浴、干净的衣服、轻松氛围下生活,这些都是近期在这些方面取得的进步。

对于儿童全部的需求,人们忽视了最人性的一面,这就是精神和灵魂的需求。对我们来讲,儿童身上人性的一面是潜藏的,我们明显看到的只是他们表现出的全部努力和力量:哭泣、叫喊、任性、害羞、不听话、说谎话、自私、破坏精神,这些都是他们面对我们保护自己所需要的。此外,我们所犯的更严重的错误还在于把他们的自我保护看作是儿童个性本质的特征。于是,我们坚信,我们有紧迫的义务,必须非常严厉和强硬地消除它们,有时甚至不惜使用体罚。然而,儿童的这些反应经常是某种精神疾病的征兆,经常预示着某种真正的神经疾病,并且将对人的一生造成影响。我们大家都知道,发育成长的年龄阶段对于人的一生是至关重要的。在这个时期,与身体缺乏营养对未来健康造成的影响相比,精神营养的匮乏、精神的毒害同样都是毁灭性的。因此,儿童教育是人类最重要的问题。

我们从内心里感到，我们有义务关心和了解儿童心灵的最细微之处，关注我们与儿童世界之间的各种关系。以往我们乐于成为儿童无情的判官，在我们面前，对于我们的各种道德标准，他们身上到处是缺点。如今，我们应该满足于成为谦谦君子，它符合爱默生对耶稣神谕的理解：

> 儿童是永恒的弥赛亚，他始终能够回到堕落的人们中间，引导他们走入天国。

如果我们能够认识到关心儿童是十分必要的，而且把它作为当务之急，并为他们创造另一个世界，一个适宜的环境，那我们就能够完成一项有益于人类的伟大事业。

在复杂的成人世界里，儿童不可能正常地生活。与此同时，成人时常的监督、不断的警告和武断的命令，显然也干扰和阻碍了儿童的发展。所有蓄势待发的积极力量都被压制，儿童身上只剩下一样东西，那就是想要尽可能摆脱一切的迫切心情。

让我们放弃狱吏的角色，尽心为儿童准备一个适宜的环境，在这个环境中尽可能少地借用监督和教导让儿童感到疲惫。我们应该相信，环境越是符合儿童的需要，教导性的工作就越少。但是，我们却不能忘记一个重要的原则，给儿童自由并不意味着放任或忽视他们。面对儿童发育成长的各种困难，我们给儿童心灵上的帮助不应该是被动式的漠不关心。相反,我们应该以谨慎和热情关注的态度促进儿童的发展。

此外,在尽心尽力为儿童准备适宜的环境的同时,我们还有更艰巨的任务,这就是创造一个新世界,一个儿童的世界。

在为儿童准备好所需的矮小家具之后,我们会立刻看到,他们的活动变得井然有序,令人难以置信。他们的活力发自内心的愿望,他们完全可以不需大人陪伴,没有危险,因为他们知道自己要做些什么。在儿童身上,行动的需求比吃饭的需求更加强烈,但是我们却不了解,因为至今还缺少适合他们的活动场所。如果我们给他们提供这种场所,我们会看到,这些惹人讨厌,总是垂头丧气的小东西们马上就变成了快乐的劳动者;众人皆知的破坏者成为周围物品最小心的守护者;吵吵闹闹、无拘无束的孩子变得安静和有条理。相反,如果缺少适宜的外部条件,他们绝不可能发挥大自然赋予他们的强大力量。另外,儿童也感到本能在激发他们使用所有的力量进行活动。只有这样,他们才能完善自己的能力。一切都取决于它。

如今,所有的人都对"儿童之家"的情况略知一二,我们是做了一些简单实用的物品,目的是促进儿童智力的发展。我们有非常可爱的小家具,颜色鲜艳,非常轻便,撞一下就会翻倒,孩子们搬动起来非常方便。在颜色鲜亮的家具上,如果有污渍的话,看上去非常明显,他们会马上发现,并很快用水和肥皂擦掉。每个孩子都会选择自己要做的事,按他们的想法进行整理。由于家具很轻,任何声响都能反映出孩子不协调的活动。就这样,孩子们学会了注意自己身体的运动。另外,我们还有一些可爱易碎的玻璃和陶瓷物品,如果孩子不小心把它掉在地上,东西摔碎了,永远失去了,他们感到伤心难过,这也许是对他们最大的惩罚。

失去一件心爱的东西是莫大的痛苦!一个漂亮的花瓶打碎了,有谁不赶紧去安慰一下满脸通红、呜咽啜泣的孩子呢?但是,从此以后,他在拿易碎的东西时,就会尽一切努力,小心他自己的行动。

环境本身在帮助儿童不断地完善自己。因此,如果每个小小的错误是明显的,那就不需要老师进行干预,她完全可以静观小事故的发生。慢慢地,孩子们似乎可以听懂物品无声的语言,物品在对他们说话,提醒他们别犯小错误。"小心,没有看到吗?我是小桌子,我身上涂了油漆,很光滑,别弄脏我,别沾上污渍!"物体的美观和环境的优雅对孩子也是一种强烈的刺激,它使孩子更加积极努力,能力倍增。因此,所有的物品都应该是有吸引力的。抹布色彩缤纷,扫帚涂上鲜艳的颜色,小刷子和圆形或方形的小肥皂同样惹人喜爱。各种各样的物品都能对孩子们说话:"过来碰碰我,用一下吧!""你看,我是彩色的抹布,用我擦掉桌上的灰尘吧!""我是小扫帚,拿在你的小手里,去扫地吧!""过来吧,可爱的小手,伸到水里,拿起肥皂!"不管在哪里,只要物品能够吸引孩子,它就会渗透孩子的内心,因而不再需要看护的老师对他们说:"卡罗,去扫地。""乔万尼,去洗手吧!"

每一个不需要他人帮助,会自己穿鞋、穿衣、脱衣的儿童在快乐和喜悦之余,都折射出人性的尊严。人性的尊严来自人对自我独立的感受。

小孩子们对劳动的喜悦,使他们带着几乎过分的热情去完成每一件事情。他们擦拭把手需要很长时间,直到光亮得像镜子一般。即使是简单的事情,如擦拭灰尘、扫地,他们都极其仔细和细心。显然,并不是因为要达到的既定目标在激励他们,而是因为他们可以由此发挥潜能,发挥潜能决定了他们做事时间的长短。

不断重复同样的动作,不仅使儿童感到高兴,还可以展现他们真正的才能。我们看到,年纪很小的孩子自己穿衣,脱衣,扣纽扣,打结,整齐地摆放餐具,洗盘和洗杯子。不仅如此,儿童精力旺盛还表现在,他们用已经学会的能力去帮助那些还没有达到同样完美水平的孩子。我们看到,他们为旁边的同学扣罩衣上的纽扣,为同学系鞋带,如果别的同学把汤洒到地上,他们会很快擦干净。

孩子们会为其他小孩清洗用脏的盘子,为其他没有同他们一起干活儿的孩子摆放餐具。他们这么做,并不是把它看作是在为他人劳动,需要得到额外的奖励。不是!对他们来说,尽心尽力就是最大的奖励。有一天,我看到一个小女孩伤心地坐在饭桌前,看着热汤却不吃,因为别人答应她,让她摆餐桌,但后来忘记了。这种失望打消了她体内对吃的欲望,幼小的内心比她的胃口有更强烈的需要。

儿童就是这样为了社会目的开展外界的活动,他们有一个目标,自己非常明白,而且能够很容易达到。他们在用智慧寻找这个目标,我们把他们放在属于他们自己的环境中,就会让他们自由地实现。当然,真正目的的根源还很深,儿童进行活动的目的只是为了满足他们活动的愿望,符合生命发展的规律。但是,不管怎样,他们需要有一个简单和明确的外部目标,使他的愿望能够实现。我们有多少次看到孩子在洗手,不是因为手脏,而是因为在他们前面有一个目标,要求他们逐渐开展必要的次要性活动,比如端水,倒水,使用肥皂和毛巾,恰当和小心地使用所有的东西。越是劳动,一切就越来得自然! 打扫房间,为花换水,整理小桌子,卷起地毯,摆放餐具,所有这些都是与身体运动融合在一起的合理的活动。不得不从事家务劳动,并从中体会到辛苦的人都知道,要完成这些工作需要很多行动。如今,人们在广泛谈论体操运动和身体训练。这就是训练,它不是以往机械性的,而是需要用大脑进行思考才能完成的。

然而,小小孩热情和高兴完成的这些训练,虽然让所有参观"儿童之家"的人感到惊喜万分,但还不能代表最本质的东西,这只是一个开始,是儿童活动一个并不很重要的方面。

学者和科学家全神贯注地工作,无暇理睬世间的琐事,其中的奇闻轶事众所周知,并给我们留下了深刻印象。大家都知道牛顿废寝忘食,阿基米德在夺取希拉库扎的战役中竟然没有注意到混战时的喧器,专注于他的几何计算,被敌人偷袭。这些趣闻只不过是让我们看到了对工作全身心投入时的负面影响。促进全人类进步的伟大发明不仅应归功于科学家的文化底蕴和博学,还应归功于他们全身心投入天才的创造,甚至不谙尘世。

如果儿童找到符合他们内在需要的行动空间,他们还会向我们展现其他各种对发育成长的需求。他们在不断寻找并能够找到与周围其他人的相互关系。

每个人都有内在的需要，为此，当他全心投入一项神秘的工作时，需要一个人完全独处，远离所有的人和事。没有人能够帮助我们达到内心独处的境界，内心独处可以让我们进入更隐蔽、更深邃、既神秘又丰富的世界。如果有其他人介入，会打断和破坏这种境界。远离外界事物时获得全神贯注的境界应来自我们的内心，除了保持秩序和宁静，周围的一切不应该以任何形式影响到我们。

只有伟大的人士才能达到全心投入的忘我境界，而且表现突出。它是内心坚毅的源泉，使伟大的人士以他的沉稳和无限的仁爱影响大众。在长时间远离凡尘琐事之后，他们感到可以解决人类存在的大问题，并且能够以极大的耐心忍受旁人的软弱和缺点，即使被憎恨和被迫害。另外，我们还看到，在日常生活中的手工劳动和精神高度集中之间存在着一种紧密的联系。乍看上去，这两种东西相互矛盾，但实际上密切相关，因为它们互为源泉。精神生活为日常生活默默地聚集力量，反过来，通过有秩序的工作，日常生活促进了人的精力集中，被消耗的力量不断得到精神之源的补充。人明白自己需要内心生活，就像身体会感到饥饿和困倦，需要物质的生活一样。人的内心如果失去对精神需求的感觉，他的身体也就不再会感觉饥饿，不再感觉需要休息，将同样处于危险的边缘。

我们在儿童身上能够看到这种全神贯注和全身心投入的境界。显然,它不是尤其具备这种境界的人独有的状态,而是人类内心普遍的特质,只不过只有少数人保持到了成人阶段。

现在,如果我们关注儿童身上表现出的这些零星的火花,我们将注意到他们在有益的劳动过程中完全与众不同的情况。一件不可能带来任何益处的物品会突然引起儿童的注意,他开始以各种方式摆弄,而且经常是机械和单调的。他们经常破坏他们自己刚做过的东西,然后再从头开始。儿童多次重复同样的活动,使我们不得不在想,它可能并不像我们在日常生活中看到的那样是因为极大的热情,而是让我们隐约看到了一种特殊的现象。于是,我第一次发现了儿童在这个方面的特点,为此我感到惊讶,自忖我是不是在面对一个不同寻常的客观事实,一个不可思议的新事物,因为在我看来,很多心理学家的理论都不成立,他们曾经让我们认为——我也曾认为——儿童不可能长时间对什么物体保持注意力。可是,你们看,在我面前有一个 4 岁的小女孩,她在摆弄各种大大小小拼插圆柱木头玩具时,显得特别专注。她小心翼翼地把所有小圆柱对号入座插进去,插好后再拔出来,然后再插回去,她就这样没完没了地做个不停。我在那里为她默默数数,在她做了足有四十次后,我坐到钢琴前,让其他的孩子开始唱歌,但是小女孩仍在继续做她的无用功,丝毫不动,也没有抬起眼睛看一下,完全对她周围发生的事情置之不理。过了一会儿,她停下站了起来,高兴地微笑,眼睛闪亮。她看上去很轻松,精力充沛,微笑着,如同好梦初醒一般。

在此之后,我经常看到儿童有同样的表现。儿童在专心活动之后,总是显得非常放松,内心更加强健,就好像在心中打开了一条通向发挥潜能的道路,体现出他们个性特征中最好的一面。他们对所有人都显得很亲切,愿意全力以赴帮助他人,非常希望成为好孩子。有一次,一个小男孩慢慢走近老师,轻声细语地对老师说:"老师,我是好孩子!"那样子就像要告诉老师一个秘密。

有些人已经研究过这种观察,但我要特别拿来运用。我知道,心灵的东西有一种规律,它给我提供了彻底解决教育问题的可能性。秩序以及性格、智力和情感的发展都来自这个隐蔽和神秘的源泉,我觉得这一点很明确。以后,我开始着手寻找一些试验性的、能够使儿童集中精力的物品,认真研究环境,使环境能够为儿童提供有利的外部条件。我就是这样开始创立我的教育方法。

这里才真正是整个教育的关键所在,即了解和明白儿童集中精力的可贵瞬间,利用这个时机教儿童读书、写字、计算,稍大时教他们语法、算术、外语,等等。此外,所有心理学家也一致同意,可行的教育方法只有一种,那就是要激发学生最强烈的兴趣,引发他们对学习积极的态度和重视。因此,只有一点,就是利用儿童内心的力量进行教育。这可能吗?不仅可能,而且还是必要的。集中精力需要逐步进行刺激。开始时,可以是一些让孩子感兴趣的,感官易接受的东西,如不同大小的圆柱体玩具,按色阶排序的小色板,各种不同的声音,触摸起来比较粗糙的平面。孩子稍大时,我们可以教他们字母、数字、阅读、语法、图画、更复杂的算术、历史和自然科学。孩子就是这样懂得了知识。

其结果是，新型教师的职责变得更为关键和重要，孩子是否能够找到走向知识和完善自我的道路，还是一切走向毁灭，都取决于老师。最难的工作是让教师明白，为了让孩子取得进步，她必须放弃原来赋予她的权力。她必须懂得，她不能给儿童的成长或让他们遵守纪律施加任何直接的影响，她必须相信儿童的潜能。当然，肯定有些东西在不断地推动老师为儿童提出建议，纠正他们的错误或是给他们鼓励，同时也让老师表现出自己比儿童有更丰富的经验和文化知识。如果老师不能放弃她的自高自大，她将一事无成。

为此，老师的间接性工作应该是坚持不懈的，她应该非常了解自己的工作并为儿童准备适宜的环境，经过深思熟虑准备教材教具，悉心引导儿童开展实践性的劳动。老师应该学会辨别哪些是寻找正路的孩子，哪些是走错路的孩子。她必须始终平心静气，当孩子叫她的时候，随时准备好给他们爱心和信任。随时准备着，这就是全部。

教师应该为人类更好地发展做出贡献。就像圣女守护他人点燃的纯洁的圣火一样，教师要守护儿童内心生活纯洁的火种，如果这个火种被人忽视，它就可能永远熄灭。

儿童的个性特征

我们选择"儿童的个性特征"作为题目并非偶然。我们用"个性特征"一词并不仅仅指品格上的特点,而是指儿童全部的人格特征。儿童的个性特征不仅包括智力和身体的表现,它的构成是一个整体,只能通过心理研究进行分析。

在此,我们首先整体审视一下儿童活动的形式,人们经常不关心,甚至经常忽视它的重要性。

我们权且可以用一条曲线来代表进行某一种活动的过程。

我们用一条横线代表安静的状态,在横线上方的空间代表有条理的活动,也就是"秩序"状态;在横线下方是无条理的活动,也就是"无序"状态。离开横线的距离代表活动的程度,横线的方向代表活动的时间。

由此,我们可以从时间上、有序或无序的程度上说明每一种活动。根据得到的数据,我们可以画出一条曲线,进而观察儿童活动的情况。[3]

现在,我们来描述"儿童之家"里一个孩子的活动。他走进来,安静了一会儿,然后开始进行一项活动。曲线开始向上方有条理的空间上升,然后他累了,其结果就是变得没有条理。曲线下降到安静状态的横线以下,进入无序状态的空间。过了一会儿,他又开始一项新的活动。如果之前他手里在玩小圆柱的玩具,现在手里拿的是小色板,我们可以看到,有一段时间,他会专心玩自己的东西,但是他突然开始打扰旁边的小伙伴,曲线又开始下降。他很高兴打扰同学,因此变得没有条理。之后,他又选择了敲小钟,敲出不同的声调,又专心于自己的活动,曲线再次上升到有序的空间。但是,结束之后,他不知道一个人该做些什么,便厌烦无聊地走向老师。

这条曲线不能表现出我们之后要描述的活动形式。它是一条在很多孩子身上体现的典型的曲线,这些孩子不能集中精力,根本不能认真地去做一件事,一会儿想东,一会儿想西,短短几个小时就把半年要用的教具摸了一遍。这是没有条理性的孩子,属于最普遍的类型。

在过去一段时间后(或许是几天、几个星期或几个月),我们又为这个孩子重新画出一条活动的曲线。在这段时间里,他学会了"集中注意力"。

现在,我想介绍另一条曲线,它基本说明了一个孩子的情况,他既不是特别无条理的,也不是完全有条理的,他的行为介于有序和无序两者之间。

这个孩子一进教室就开始进行一项简单的活动,我们让他从事一种家务劳动。之后,他停下劳动,拿起一件他熟悉的教具,重复做他已经了解的事情。但是不久,我们看到他累了,开始心神不定,曲线降到安静状态的横线之下。这种现象不仅在一个孩子身上,在整个班级里都有所反映。在这种情况下,一个没有任何实践经验的老师会说些什么呢?她可能会下结论说:孩子们在做了家务劳动,玩过教具之后累了。虽然大家都想要的那种精力集中的情况没有发生,但责任不是她的。

如果老师脾气好,而且了解如今人们都在谈论的心理学标准,她肯定会想到,孩子们在努力之后绝对需要休息,所以需要打断他们的活动。为了让孩子们娱乐,老师把他们带到花园。在花园里,孩子们互相追逐吵闹,一旦回到教室,他们会比之前更不容易安静下来。他们会执拗地不断换着事情去做,这种"假劳累"的状况将持续下去。

儿童自由选择要做的事情并不能真正给他们带来快乐和满足!有很多老师由此得出这样错误的结论。表面上看,他们是自由选择了要做的事情,但是尽管这样,他们只专注了片刻,之后就变得越来越不安静。我尽力引导,但老师们还是说,我让他们休息,改变环境,但不管怎样,还是不能让他们专心做事,也不能让他们安静下来。

这些老师肯定学过"字面上"的理论,但她们没有坚定的信念,忽视了对儿童自由的尊重。当然,她们或许只能根据过去学到的方法考虑问题并从中得到启发,试图进行干预和指导,所以她们阻碍了儿童的自然发展,也破坏了她们想要营造的东西。

与此相反,如果老师尊重儿童的自由,相信他们,有毅力暂时忘记所有学过的和充斥她大脑的东西,如果她非常谦逊,不认为她的干预是必要的;如果她知道耐心等待,她将很快看到儿童身上彻底的改变,看到他们在寻找意识深层的东西和在没有找到前的兴奋激动。

在可能的情况下,儿童在第一项劳动之后,会马上开始另一项更困难的劳动,而且全神贯注,全身心地投入。这时,他们也会暂时摆脱周围的一切事物。这就是我们所说的"伟大的劳动"。

"伟大的劳动"之后,儿童得到了休息,甚至可以说,只有在这时,他们才真正显得精神焕发。他们的从容和平静明确无误地向我们展露了一个新的现实。

事实上,这些儿童身上没有任何劳累的征兆,而是表现出精力充沛的体征。它并不是我们在吃饭后得到满足或是洗澡后的那种样子。这两种劳动形式没有削弱我们的力量,而是让我们体力焕发。同样,有一种心理劳动给予我们精神上的力量。为了让儿童得到休息,我们应该尽可能地让他们进行"伟大的劳动"。

让我们想一下,休息意味着什么? 对我们来说,休息并不意味着无所事事。我们待着不动,肌肉并没有得到休息,相反,我们应该适当地运动。同样,我们在进行自主选择的智力劳动中也能找到平静,给我们增添精神的力量。

它就像生命一样是某种神秘的东西。老师从来不可能说,这个孩子要具备活力必须做这个或者做那个。因为它根本不可能被看到，只有儿童生命自身的召唤才能够选择他真正需要的劳动。只要老师尊重这种长期神秘的劳动、知道等待和信任就足够了。

以这种方式休息的儿童是高兴的、可爱的，或许他们还愿意和老师说说自己的小秘密。他们好像向老师打开了心扉，只有这时，他们才认可老师的地位并请求老师帮助。只有这时，他们才会观察在他们周围和此前被他们完全忽视的事物。毫无疑问，他们的内心变得更加丰富，有更强的接受能力，更愿意融入周围的环境。要发挥活力就必须集中精力。如果老师要教育一个精神脆弱、营养不良的孩子，可能在他身上无法进行任何互动，既没有信任，也不会服从。尽管有可能，但它将是一个实现起来很艰难，而且不完美的过程。

看上去很奇怪，但我们必须承认是如何错待儿童的。对某人说知心话或听从某人的话是内心需求的外在表现。我们想教孩子具备这种外在表现，但是却没有给予他们发展内在力量并使他们成为自我主宰的机会。

我们的职责恰好就是为他们发展内在力量的道路扫清障碍。

儿童集中精力的能力越是得到发展，他们就越能够平静地投入劳动，这时一种新的现象，即遵守纪律的表现就愈加突出。老师在采用她们的教育法实现了这一点后，有了另外一种特别的表达方式。也许一个老师会问另一个老师："你们班怎么样？有秩序了吗?"另一个老师可能回答:"还没有。"或许她有所感觉,会说:"你还记得那个吵吵闹闹的孩子吗?他现在很乖。"老师们这样相互交流,她们完全知道需要做什么,其余的东西都会自然而然地发生。

一旦儿童有了纪律性,他们便走上了心理自然发展的道路。获得心理自然发展的儿童变得越来越勤劳,他们不会闲得无事可做,甚至他们在等人的时候也不会懒懒散散,他们特别愿意活动。

这种心理状态越是向前发展,假劳累期就变得越短,劳动时"安静"的时间就变得越长,在劳动中,儿童把所学到的知识用于实践。

这是特殊性质的安静,一种"活动中的休息"。毫无疑问,这时内心的劳动在不断持续,它与外部世界不再有任何联系。儿童内心平静,细心观察周围的事物,身边最微小的细节呈现在眼前,他们有了各种发现。

精力集中包括连续的三个时期:准备期;"伟大的劳动"时期,这个时期与外部世界的物体相互联系;第三个时期只是在内心里进行,使儿童快乐,并且精神焕发。精神焕发反映到外部环境上,使儿童能够观察到他们之前未曾留意过的东西。

我们还看到另外一点,儿童变得特别愿意服从,有一种令人难以理解的耐心。这让我们感到惊讶,因为我们并没有教过他们要学会服从和有耐心。

一个人如果不会保持平衡,他就会因为害怕跌倒,不敢迈步和摆动手臂,而只会摇摇晃晃地前行。但是,一旦学会保持平衡,他就会蹦蹦跳跳,左来右去。心理生活也同样如此。一个人如果没有心理平衡,不能集中精力,不能主宰自我,他难道就不会因为这种精神状态在作祟,进而屈服于他人的意志,就没有"跌倒"的危险吗？一个不能服从自己意志的人又怎么能服从他人的意志呢？服从只是一种精神上的机智,有心理平衡作为必要的前提条件。服从来自坚强的意志,是为所谓"适应环境"应具备的最佳前提条件。所有的生物学家都一致认为,要十分坚强才能适应特定的环境。那么,生物学家所说的"适应环境"指的是什么呢？它是一个人具备坚强的意志,使他以适当的方式适应周围世界特定的需要,培养当时周围事物要求的机制和能力。但是,在适应能力付诸行动并发生结果之前,需要先有适应能力的存在,并且只能由环境的要求引发。就是园丁也知道,强行培栽只会弱化植物生长的能力。

因此,人首先要坚强,有心理的平衡才能服从。正如强健的身体能够适应环境一样,有坚强的精神将能够服从他人,并且能够适应一切。

因此,要为儿童提供让他们按照自然规律平和发展的可能性,只有这样,他们才会更加健壮,变得坚强,可以做更多我们不敢想象他们能够做到的事。

能够平和与自由运用基本心理能力(集中精力)的儿童有了多么大的发展啊！其他一切自然而然地接踵而来。他们把握了自己的身体,知道按照他们的意愿进行身体的各种活动,懂得照顾自己。我们看到,他们在把握自己的同时,还能够完全保持安静。他们把握自己的能力,甚至常常超过成人。因此,我们不应忘记这些发展是怎么获得的,不应忘记环境所起的重要作用。

我要强调:我不是先设定原则,然后再根据原则制定我的教育方法。恰恰相反,随时随地观察和尊重儿童的自由,让我发现了他们内心生活的规律,也让我发现这些规律具有普遍意义。是儿童自己在寻找发展之路,使自己变得坚强,而且他们肯定用自己的本能找到了这条发展之路。

儿童的环境

生物学理论已经反复证实，环境对生物有着巨大的影响。甚至唯物主义进化论认为，环境对生物的生命和生命形式有着巨大的作用力，能够改变或改造它们。如今，许多学者已经抛弃这种唯物主义进化理论。随着研究的深入，了解动物性和植物性生活所处的环境问题越来越重要。抛开其他学者的研究不说，法布尔[4]著作里的研究成果尤为明确。他通过研究昆虫有了最新的发现，正因为他在昆虫习惯的生活环境中进行观察，所以才真正揭示了昆虫的生活。因此，如今人们相信，如果不在自然环境中进行观察，我们就不可能真正了解生命。

然而，我们在观察人的时候看到，人不仅在适应环境，而且还在为自己创造更有利的环境。人生活在一个社会环境中，并在社会环境中运用某些特定的精神力量，如人与人的关系，它构筑了社会生活。人如果不生活在适宜的环境里，就不可能正常地培养自己的能力，就不可能探索心灵深处的奥秘，学会了解自我。现代教育学的一个主要任务就是促进儿童社会本能的发展，激发儿童学会与其他人在社会生活中相处。

儿童没有一个适宜的环境，他们生活在成人的世界里。在当今儿童的生活中，这种不对称的问题导致的结果非常显著。首先，由于儿童身体与周围物体大小比例的差别，他们找不到任何与物体之间的相互联系，因此也不能得到自然的发展。

这种不对称的问题非常突出，不仅是空间大小的差异，而且还在于运动较大或较小的灵活性。让我们想象一下，一个魔术师熟练地表演魔术，他的动作极其灵巧和敏捷。现在，如果我要模仿他，他会说："你在做什么呢？"因为我肯定是不行的。如果我要慢慢地模仿他的魔术，他肯定会失去耐心。我们对待儿童不也是这样吗？我想给所有的父母一个非常简单的建议："让你们四、五岁的孩子自己洗漱脱衣，让他们自己不慌不忙地吃饭！"

假如让我们在为儿童准备的类似的环境中生活，哪怕只有一天，我相信，我们会感觉很不自在。我们不得不耗尽所有的精力保护自己，尽可能地逃避，并且说："不行，放开我，我不要！"然后，我们会像儿童一样，因为找不到其他自我保护的方式而放声哭泣。这时，妈妈就说："孩子太任性了！不想起床，不想按时睡觉，总是说我不要，我不要！要知道，孩子不能说我不要！"

但是，如果我在家里为孩子准备一个适合他的身材、力量和心理能力的环境，如果我们让他自由自在地生活，我们就朝着教育问题的解决前进了一大步，因为我们给了他适宜的环境。

对于"儿童之家"或一所学校,正如我们之前讲过的,如果我们能从这一点考虑,那么它应该有按照儿童身材制作的,适合他们身体力量的家具和陈设,使他们容易搬动,正如我们容易搬动家里的东西一样。

因此,基本的原则是:家具应该是轻巧的,放置在儿童容易搬动的地方;图画悬挂的高度应该方便儿童观看。我们应该以同样的方式放置物品,从地毯到花瓶、盘子,等等。儿童应该能够使用所有需要的东西来保持家中的秩序,他们应该能够进行所有的日常劳动,扫地,刷地毯,自己洗漱、穿衣,等等。

物品要结实,引起儿童的兴趣;"儿童之家"要漂亮,每个小处都惹人喜爱,因为漂亮的东西可以激发儿童的活动和劳动。即使是成人也希望有一个漂亮的家,在家中能够培养爱的氛围。我相信,在漂亮的环境和儿童的活动之间存在着一种确定无疑的关系。比如,可爱的扫帚和难看的扫帚,儿童更愿意用可爱的扫帚扫地。

儿童自己就可以非常好地领悟这些东西。有一天,旧金山"儿童之家"的一个小女孩到了一所普通的学校,她马上注意到桌子上有灰尘。于是,她对老师说:"您知道为什么您的小孩不打扫,弄得很乱吗?因为他们没有可爱的抹布。如果我没有的话,我也不愿意打扫。""儿童之家"里的家具是可以清洗的。或许有人在想,这只是卫生的需要。真正的原因是,可清洗的家具提供了一个劳动的机会,儿童特别愿意去做。这样,他们学会了小心注意,能够发现污渍,以后他们还习惯了去清洁周围所有的东西。

许多人建议我在小桌腿下装上橡胶轮子,避免声响,但我更喜欢声响,它能说明各种不和谐的运动。很明显,儿童不会协调运动,不会把握自己。与我们相比,他们的肌肉运动没有章法,因为他们还没有学会协调和组织。

在"儿童之家"可以轻而易举地发现各种错误和不正确的行动:凳子喀喀响,桌子喀喀响,孩子自言自语说:"这样不行。"另外,还应有一定数量的易碎物品,像杯子、盘子、瓶子,等等。我相信,大人们会大叫起来:"什么?给三四岁的孩子手里拿玻璃杯子!他们肯定会打碎的!"大人们这么说,是把杯子看得比儿童还重要,把一个不值几个钱的东西看得比教育儿童怎么去活动更宝贵。

在真正属于儿童的家里,他们想要尽可能地更加热情和细致,更好地把握自己的行动。就这样,他们不经意间走上了自我完善的道路。我们在他们身上看到了喜悦和完全不同的尊严,令人感动,难以言表,而且他们还向我们表明,这才是他们喜爱的、自然发展的道路。那么,归根结蒂,一个3岁小孩的目标是什么呢?那就是成长。他想要成为人,想要完善自我,想要做所有能够帮助他自我完善的事,或者可以说,他在努力练习,因为练习意味着发展。比如,孩子在洗手的时候感到高兴,并不是因为他高兴洗手,而是因为他需要劳动才能学会行动,既然行动给他带来生命的价值,那它就是进行各种努力的源泉。

在通常情况下,面对儿童生命的发展,以及儿童通过劳动和发挥能力想要实现自我完善的现实,我们在做些什么呢?我们经常是竭尽全力阻止他们达到目标。比如,在一些普通学校里,小桌子和小凳子固定在地板上。孩子们很活跃,经常动作很大,但是他们没有注意到,如果桌椅不是固定的,会被掀翻。我们这样做当然可以保持学校的秩序,但是孩子却不可能在行为运动中学会有条不紊。如果你们给孩子金属的杯子或盘子,他们把它摔在地上,踩到也不会破碎,那你们就是像魔鬼一般的教唆者。我们这么做是想隐藏错误,不让人看到,但是唯一的当事人却无法注意到什么是错误。因此,儿童不仅会坚持错误的做法,还偏离了生命正常发展的轨道。

当儿童想自己做事时,他们会全力以赴,跃跃欲试。我们看到他们忙忙碌碌的,于是马上参与进来,帮助他们完成刚刚开始的劳动。

难道教唆者的声音不是这样说吗?"你想自己洗漱,你想自己穿衣,你别费事了,我可以马上替你做所有你想要做的事情。"

我们剥夺了儿童良好的愿望,他们因此变得任性,我们在满足他们真正的任性,而且以为这样做是为他们好。

让你们想一下,如果一个几岁的小孩生活在家里,物品不能打碎和弄脏,会发生什么样的情况。如果他在家里,不需要学会把握自己,不需要小心使用各种日常用品,他会缺少很多必要的经验,生活中总是缺少点东西。

还有一些儿童,没有人能够满足他们。他们总是不安分,总是赖在地上,不想洗漱,父母放纵他们,从来不干预。那些容忍孩子从早到晚都这样的人，一般会说："他们多好多乖啊!"但这是真正的善行吗？这是错误的想法!

真正的善行并不是容忍儿童失常的行为，而是寻找方法避免偏离正轨，需要采取各种措施，给儿童提供自然生活的可能性。

给儿童提供生活需要的东西，理解他们是一个可怜的一无所有的小生命，给他们所需要的全部，这才是善行，这才是仁爱。

在符合儿童天性需要并属于他们自己的环境中观察儿童，我们会看到他们为了自我完善是如何劳动的。正确的道路不仅仅在于使用物品，而且还在于他们自己能够了解在使用物品时出现的错误。

那么，我们该做些什么呢？

什么也不做。

我们已经想到为儿童提供他们需要的东西。现在，我们要懂得克制自己，在旁边观察，伴随他们并保持一定的距离，不要因为介入他们的活动使他们疲惫，但也不能对他们不管不顾。这样，我们将看到，儿童在他们认为严肃的劳动中是平静的，不需要他人帮助。除了观察，我们还有什么事情可做吗？应该这样办学，在学校里，儿童自发地开展活动，老师只需要等待。普通学校的做法恰恰相反，老师处于主动地位，儿童沦于被动。老师应该仅仅限于观察，越是这样，儿童的进步就越大。

在某一所学校里发生的一件小事非常形象。

校工忘了带校门钥匙，孩子们因为不能进学校都很难过。这时，老师说:"孩子们可以从窗子跳进教室,但我不行。"于是,孩子们从窗子跳进教室,老师很高兴地在窗外看护他们。

一个引导儿童,使儿童能够发挥能力的良好环境,还可以让老师暂时离开他们。如今,在创造这样的环境上已经取得了很大进步。

家庭中的儿童

　　我们已经看到，儿童教育至今仍然建立在错误的观念和偏见基础之上。如今，人们在尝试运用其他的观念，这些观念来自对儿童随时随地的观察，更加积极。鉴于观察法在各个领域取得的成果，我们可以推断，它也将改变教育的方针。

　　在大胆投入教育之前，对儿童进行观察的现代教育方法也应最终进入家庭，它不仅应该造就全新的儿童，还应该造就全新的父亲和母亲。

　　直至今日，父母的主要职责是纠正孩子的错误，教孩子他们自己认为好的和正确的东西，先是举例，然后是运用较好的标准和劝诫，如果还不行，就开始叫喊和惩罚。然而，家庭成员无权使用惩罚作为教育的方法，这是不容置疑的。

　　但是，这种权力却让父母承担了两种极大的责任：对于软弱的儿童，父母代表着力量和无可比拟的权威；另外，处在这个地位上，他们有义务始终起到榜样的作用。

父母都很明白,孩子在他们的作用下可以变好或变坏。人们经常说,母亲在膝上哺育了祖国的未来。但是尽管如此,父母却没有为这项艰巨的使命做好准备。母亲在年轻的时候本应通过尝试练习和保持耐心就可以完成最简单的工作,但是,她们却从未想过怎样做才能教育孩子;父亲在年轻的时候学会了很多东西,但是,他们却从未反复认真地思考过,人的个性特征是怎样形成的,也从未留意观察过孩子。

其结果是,这个巨大的责任经常且主观地流于偶然,或者只是良好的愿望,甚至经验之谈。然而,经验往往已经失去了生命力,如今已经没有意义。

突然之间成为儿童必须模仿的、十全十美的榜样是一件很难的事情。在一个无辜的新生命来到这个家庭之前,父亲和母亲在争先恐后认识自己的不足。他们认识到自己身上的错误,承认自己是不完美的。但是,突然之间,他们有了新的责任,要成为完美的人。现在轮到他们用自觉的权威教育孩子,纠正孩子的错误,用惩罚使孩子变得完美,但他们首先更是要用自己的完美作为明确的榜样。

这样产生了一种情况,我们在此不做细致的讨论,因为大家都知道日常生活中存在的问题和矛盾。

我们举一个谎言的例子。

每一位好母亲承担的一个最重要任务是教育孩子学会诚实。

我认识一位母亲,她教女儿千万不要说谎,而且经常把说谎描述成无耻的行为,同时她还赞扬那些愿意献出一切的人,赞扬他们的勇气和果敢,藐视那些应该得到斥责的行为。她努力让女儿明白,一个谎言就可以导致一连串不好的行为,导致世界上所有最坏的事情发生,而且有一句谚语可以印证:"说谎之人会偷窃。"她还强调,富人和出身名门的人有义务保持高尚的品格,为那些没有受到同样良好教育的穷人做出好的榜样。

但是,有一天那位女士接到一个电话,有人请她去听音乐会。她高声地回答:"太遗憾了! 我不能出门! 我的头很痛!"她还没有讲完,就听到旁边房间里一声喊叫。那位女士担心发生了什么事,跑了过去,发现她的女儿躺在地上,双手捂着脸。"你怎么了,我的小可爱?""妈妈撒谎了!"女儿大声地说。

女儿的信任被动摇,母亲和女儿之间筑起了一道墙,她对社会生活的看法变得混乱,她心灵的圣殿被亵渎。

那位母亲费尽心思想让女儿习惯诚实,但却没有想过她自己已经习惯天天说谎了。

成人努力想让儿童做到诚实,但是之后他们却用虚伪包围了儿童。虽然虚伪不属于"一般意义的谎言",但却是经过深思熟虑的,唯一的目的是欺骗儿童。或许,我们应该从这个角度考虑一下关于给小孩子讲的主显节时老妇人送礼物的故事。有一天,一位母亲对这样骗孩子感到很难过,她承认是在骗女儿。小女儿听到被骗后伤心难过了一个星期。她的母亲在对我讲这件小事的时候流着眼泪。

但是,不是所有的情况都那么严重。有一位母亲也向自己的儿子承认在骗他，儿子却笑着说："噢，妈妈！我早就知道送礼物的老人不存在！"

"那你为什么不说呢?"

"亲爱的妈妈，我看你很喜欢这个故事⋯⋯"

因此，角色经常是反过来的。儿童是敏锐的观察者，他们孝顺和依从父母，目的是为了让父母高兴。

许多父母要求孩子不容置疑地服从他们的命令，同时又想得到孩子全心全意的爱。在这方面，孩子也经常是父母的老师，因为他们的思想纯洁，有令人难以置信的正义感。

有一天晚上，一位好心的妈妈想让儿子上床睡觉，儿子请求妈妈让他做完刚刚开始的事情，但是母亲不想让他继续做下去。小男孩假装去睡觉了，但是过了一会儿又起来，想做完他的事。母亲过来突然抓住他，严厉地责备儿子骗她。"我没有骗你，"儿子回答："相反，我对你说了，我想做完这件事！"母亲不想让他争辩，命令他道歉。但是，就像最初坚持要做完事情时一样，儿子坚持要澄清"欺骗"一词，不断地解释他没有欺骗任何人，所以也不需要道歉。于是母亲说："好吧，我看你真的是不爱我！"

孩子反驳说："可是，妈妈，我非常爱你，但我对的时候不能向你道歉。"

我们觉得孩子在像成人一样说话，而母亲却像一个孩子。

再举一个例子。一位父亲,是一个东正教的牧师,他每个星期天都要讲道,他的小女儿每次都去听。有一次,她的父亲讲到耶稣对人类的仁爱,并说所有人都是兄弟,穷人和不幸的人让我们想到耶稣,如果我们想让心灵得到救赎,就应该爱他们。小女孩从教堂出来后特别激动,满腔热情,回家的路上,她遇到一个衣衫褴褛的小女孩可怜地在向她乞讨。

她跑上去拥抱那个小女孩,热情地吻她。父母害怕得马上把穿着干净漂亮的女儿抱开,高声责备她太冒失。回到家后,父母仔细地给她洗了一个热水澡,换了衣服。从那一天起,这个女孩在听他父亲布道时的心态,就像听那些与我们的生活毫不相干的故事一样。

类似这件事的冲突还有很多,导致冲突的原因是父母和孩子之间错误的关系,广义上就是成人与儿童之间的关系。

我们的要求和我们自身并不能符合要求之间的差距,使我们在儿童面前扮演着一个虚伪的角色,不断形成冲突,最后演变为父母与孩子之间的斗争。他们之间裂开一道鸿沟,再也不能相互理解。在斗争中自然是强者获胜,但是成人用说服的办法常常无法压倒他们的弱小对手,就因为他们是错的。在这种情况下,成人试图用权威解决麻烦的局面,父母摆出自己是完美之人的样子,强迫孩子服从。获得胜利后,他们就会让孩子确信这一点并让孩子住嘴。这样,"和平"就有了保障!然而,这时孩子对父母失去了信任,在与父母的关系中失去了主动和亲密的情感。

儿童最强烈和最深层的需求就这样被压制了,结果他们表现出某些特别的反应,或者因为适应成人的错误而产生了身体紧张感,有时甚至可以演变为真正的疾病。这些伤害经常发生,是儿童特有的,值得重视。而诸如害羞,明知为了掩饰恶作剧而说谎,只是自我保护的反应,是懦弱的表现形式。像说谎一样,恐惧也是被动服从造成的,它比说谎的后果更加严重,因为它在潜意识里引起形象和情感的混乱。恐惧发生在那些内心得不到平和发展的儿童身上。在这些有害的表现中,还有被动的模仿,它不是自我完善和发展的手段,更应该被看作是一扇通往品德被疾病传染的大门,这是因为进步只能通过自己的劳动,而不是观察他人的行为。儿童的愿望被压制和掩盖,就像一潭死水下的淤泥,他们从来不可能正确地进行评价,因为他们无法实现自己的愿望,也不可能控制,因为他们从来没有机会主宰自己,然而愿望却始终存在,一点点地诱惑他们,引起他们潜在的兴趣。可是,成人经常抑制儿童的冲动,阻碍他们的生活,阻止他们去做有益的事,妨碍他们付出艰苦的努力。简言之,成人在阻碍儿童按照自然规律获得精神上的发展。结果,儿童的活动走上了一条错误的道路,转向了形形色色没有用的东西,各种没有任何益处的玩具和随意的东西。潜意识中的沮丧最终使儿童懈怠。人注定要去战胜世界上所有的困难,但沮丧却使人甘心懈怠和懒惰。

　　儿童对投身活动的那种欢喜和健康的冲动被阻碍,劳动作为充满活力的最自然的表现被压制。他们的想象力没有停留在吸引他们的东西上,而是毫无意义地处到游荡,盲目地在外部世界寻找自然的支撑点。对于儿童来说,正因为所有的现实都被掩蔽,所以在他们身上出现了一种病态的和幻想式的生活形式,驱使他们进入一个完全不现实的世界。

然而,幼小的心灵常常在反抗和自我保护。就像在软弱无能的人身上发生的情况一样,这种反抗不时表现为神经质、板着脸、执拗、眼泪和内心的痛苦。如果儿童心理是健康的,他们就会搞一系列的恶作剧,这是蛮横无理和有意识反抗的另一个侧面,没有消耗他们自己的精力,反而在戏弄中消耗了他人的精力。因此,它只能被认为是一种无聊和游闲的幻想。

此后,这些小叛逆者还在其他孩子中间找到了模仿者和追随者,他们让老师、教员、校工,有时甚至是家人的朋友感到绝望。不仅如此,尽管成人不会最终粉碎失败者和软弱者的诡计,但是他们不得不像对待侵犯他们神圣的家园和想要发号施令的敌人一样对待儿童。

在这场斗争中,儿童的神经系统经受着痛苦的折磨。当今,医生开始证实,很多精神疾病的内在原因是儿童在童年时代受到了压抑,常常在童年时代就有了危险的征兆,如失眠、害怕黑夜、消化不良,有时甚至口吃。所有这些病症都出自一个原因。

善良的父母想方设法要治疗孩子的精神疾病,他们费尽精力想弥补他们造成的、孩子成年后仍可能继续存在的创伤。所有这一切都是因为压抑,它被冠以慈爱之名,却背离了儿童真正的需要。

让我们解放儿童受压抑的心灵吧！它将像魔术一般消除儿童身上所有的疾病，至少是那些因为压抑所造成的疾病。剩下的就只有人自身建设的缺陷了。人的不完善使人总感到需要有一个权威来教他真正的东西，给他指出正确的道路，避免偏离正轨。

但是，我们在这里需要考虑问题的另一个方面。儿童的心灵受到压抑，相比之下，他们比父母更加纯洁和无辜，如果年轻的父母想尽可能从压抑中解放儿童，那么教育的解放不应被错误地理解为不去纠正儿童的错误。否则，儿童将面临错误导致的各种后果，被危险的精神疾病折磨。如果我们不能提出全新的原则，我们只能造成那些同样在已熟知原则下导致的结果。然而，在运用全新的原则之前，我们必须考虑儿童真正的需要并设法满足他们。但是，为了达到这个目的，父母需要做好准备。

如今，所有的母亲都知道照顾孩子的身体，了解营养规则，熟悉孩子发育成长最适合的温度，知道室外活动能够增加孩子的肺活量。

但是，儿童并不是简简单单需要喂养的小动物，他们自出生起就是一个有灵魂的生命体。如果我们想照顾好他们，满足物质需要是不够的，还需要为他们打开精神发展的道路，需要从出生的第一天起尊重和懂得满足他们内心的冲动。

在对待儿童上，身体健康为我们指出了明确的方向，内心健康的问题则涉及更广阔的领域，还需要不断完善。

儿童不仅需要吃饭。对我们来说,儿童在进行某些特定的、无人可以阻止的活动中所表现出的喜悦,说明他们有很多的需要。我们不能压制他们的活动,相反,我们必须为他们开展这些活动提供手段。

今天,大部分的玩具并不能为儿童的需要提供精神上的刺激。我相信,也正如事实一样,这些玩具将最终消失。让我们看一下最近几年玩具的变化,它们的体积越来越大,玩具娃娃像小女孩一样高,与娃娃配套的东西:床、柜子、餐具等也都成比例地放大。

因此,女孩子很高兴。

如果玩具再大一点,女孩子将成为玩具娃娃的对手,她们也想要自己的小床和小椅子。这样,她们将高兴之极,而玩具就会消失。

女孩子将找到自己的环境,更高兴地使用原本属于玩具娃娃的东西。所有那些漂亮和有用的东西将给她们带来新的生活,一种真正的生活,只有这种生活才能让她们幸福,帮助她们以自然的方式发育成长。

我们应该给孩子一个只属于他自己的环境,他有专用的小脸盆、小椅子和带抽屉的小碗橱,里面摆着日常用品,他可以自己打开,可以自己使用。一张小床,晚上睡觉时盖上一床漂亮的被子,他可以自己铺开叠起。总之,它应该是一个让儿童可以生活和玩耍的环境。这时,我们将看到,他们整天在用小手劳动,耐心地等待晚上自己脱衣,躺到小床上睡觉。他们打扫家具上的灰尘,把家具摆放好,好好吃饭,自己穿衣。他们友善平静,没有眼泪,不会神经质,不会任性,热情而且顺从。

新型的教育不仅在于为儿童准备一个适宜的环境和总体上认同儿童喜欢自己劳动和有秩序,同时还需要观察儿童,看到他们正在萌发的精神表现。全新的道路是一条精神之路,它没有摒弃在身体健康上取得的成果,而是和谐一致,为我所用,以便获得新的发展。当然,对于我们来说,心理因素是最重要的,它是新型教育的奥秘。

我列举一下有助于母亲找到最正确道路的基本原则。

最重要的原则是:尊重儿童所有理性的活动形式并努力理解它。

通常情况下,儿童生活的表现说明他们内心的力量在推动他们发展各个方面的能力,但我们却完全忽视了。当我们说到"儿童的活动"时,我们只想到那些有时不得不引起我们注意,需要特别关注的事情。或许是一些不好的反应,或许是由于缺乏练习或因为长时间压抑后,能量爆发所产生的心理偏离。恰恰相反,真正儿童活动的表现是不容易发现迹象的,必须相信,儿童身上隐藏着所有好的东西。只有这样,我们才能正确地评价他们。如果父母想正确理解儿童的自然表现,他们应该做好这样的准备。

下面是一些对家庭中的儿童所做的观察。

首先要说的是一个 3 个月大的小女孩,一个刚出生的小生命。这个小女孩好像刚刚发现她的小手,费尽力气想好好看看,但是她的小胳膊太短了,不得不斜着眼睛,只有这样,她才费力地看到了她的小手。在她周围有很多可看的东西,但是她只对她的小手感兴趣。她的努力是一种本能的表现，即使不舒服，她也要得到内心的满足。

过了一些时候，有人给她一样可以触摸和用手拿住的东西。她不感兴趣地拿在手里，那样东西显然没有引起她的兴趣。她张开手，把东西扔下，一点也不在乎。相反，不管远近，在她每次努力想用小手抓东西，却常常抓不住的时候，在她的小脸上都有一种思索的表情。她疑惑地看着小手，像是在说："为什么有时候我能够抓住，有时候不行呢？"显然，手的功能问题更能引起她的注意。当小女孩长到 6 个月大时，有人给她一个小银铃，并放在小女孩的手里，帮她摇动小银铃。过了几分钟，小女孩放开手，扔下小银铃。有人拾起来再给她，就这样重复了多次。

看上去，小女孩有意要丢下小银铃，然后马上想要回来。有一天，她把小银铃握在手里，不是像以往似的打开小手让银铃掉下，而是开始一个手指再接一个手指地松开，松开最后一个手指后，小银铃掉到地上。小女孩极其注意地盯着自己的手指。她又做了一次，仍然继续盯着手指。她所关心的东西显然不是银铃，而是这个游戏，是手指知道握住物体的"功能"，而且这种观察给她带来了快乐。最初，小女孩用不舒服的姿势费力观察她的手，现在她在研究手的作用。聪明的母亲只在不厌其烦地把小银铃捡起来再还给女儿，她明白不断重复练习对女儿的重要性。

这是一件小事，但却说明了刚出生不久的婴儿最简单的需要。如果不对这个小女孩进行观察，人们或许会把她的小手缠起来，避免她变成斜眼。或许，人们会把银铃拿走，因为明显可以看到，她是故意把银铃扔在地上的。那么，我们所描述的一切都不可能被观察到。如果是这样的话，我们便遏制了小女孩智力发展的一种细腻和自然的手段。小女孩不能从中得到享受，或许还会哭泣。我们并不在意这种表面上去毫无理由的哭泣，但它自孩子出生起就在我们和儿童心灵之间隔开了一道互不理解的纱帐。

或许，很多人怀疑在婴幼儿身上是否存在着内心生活。如果想了解幼小生命的需要，深信他们生命发展的重要性，那么，就像其他语言一样，我们肯定需要学会懂得他们正在形成的心灵语言。尊重儿童的自由在于帮助他们努力地发育成长。

另外还有一件事。有一天，一个大约1岁的小男孩在看他母亲在他出生前就已经为他准备好的人物图画，小男孩亲吻画上的孩子，特别对那些小孩子感兴趣。此外，他还懂得区别哪些是画有花草的图画，他知道把小脸贴上去闻。显然，小男孩知道在花和小孩的面前该怎么做。

在场的一些人觉得小男孩有一种难得的爱心，于是笑着拿给他很多东西让他亲吻和嗅闻。他们笑他这种表现，觉得很滑稽，没有任何意义。他们给小男孩颜色让他闻，给他枕头让他亲吻，但是小男孩一下变得很糊涂，脸上失去了之前那种特别专注和聪慧的表情。他本来是很高兴的，知道区别事物并投入相应的活动。对他来说，这原本是一种获得智慧的全新和重要的方式，这种理性的活动让他十分快乐。但是，他还没有内心的力量能够阻止成人无情的干涉。所以，他只能不加区别地亲吻和嗅闻所有的东西。他笑着,因为他看到周围的人,那些挡住了他独立成长之路的人都在笑。

类似的事情我们不知道对儿童做了多少次,而自己却浑然不知!我们压抑了他们的自然本能,在某些情况下使他们感到沮丧和焦躁不安,甚至"毫无理由"地伤心落泪,这是因为我们盲目,对儿童漠不关心造成的,就如同我们并不在意儿童在精神需要得到满足时绽放出的幸福笑容。这一切发生在生命降临的初期,此时他们的感觉极其脆弱,我们刚刚开始看到人类心灵最初的冲动。但是从那时起,成人和儿童之间就开始了精疲力竭的斗争。

我们把婴儿放在摇篮里,让他睡觉……需要我们帮助的心灵得不到激励。

反之,如果儿童得到理解,我们会马上看到,他们只需要很少的睡眠。他们的眼睛是明亮和聪慧的,在他们身上能够表现出社会性萌发的迹象。他们在向那些能够给予的人寻求帮助。人们经常听到:小孩子并不爱妈妈,尽管妈妈的乳汁养育了他,他更爱那些给他好东西吃的人。不对!从生命的最初阶段起,他更爱那些帮助他在精神上得到完善的人。

很明显,小孩子在寻找大人的陪伴,他们想尽办法要参与大人的生活。只有当他坐在同一张桌子上或与家人一起围坐在壁炉前烤火取暖的时候,他才会感到满足。

和睦与平静说话的声音显然是他耳边最曼妙的音乐,大自然为他奉献了这样一种学习说话的手段。

　　第二个原则是：尽可能满足儿童活动的愿望，不是帮他们做，而是教他们学会独立。

　　直至今日，孩子说的第一句话和迈出的第一步仍被视为儿童发育成长显见和具有象征意义的里程碑，是首要和根本性的进步。第一句话意味着语言的发展，第一步标志着直立行走的进步。因此，这两件事对家人来说非常重要，聪明和理智的母亲会把它写在日记里。

　　但是，走路和说话是很难掌握的，在学会让矮小的身体、过大的脑袋保持平衡，学会用短短的小腿支撑自己之前，孩子需要付出巨大的努力。同样，说话也是一种比较复杂的表达能力。在儿童生活中，这两件事不可能是最先掌握的。他们的智力和平衡感应该经历过长时间的发展，开始说话和直立行走只不过是最明显的阶段。因此，孩子学会说话和直立行走之前所走过的长路值得我们特别关注。

　　毫无疑问，儿童按照自然规律发育成长，所以他们确实需要反复练习。如果缺乏练习，他们的智力将停留在一个较低的水平上，我甚至可以说，如果在小的时候始终被人扶着和领着，那么儿童在发育成长的过程中会有一个停顿期。

　　婴儿断奶之后，如果在孩子第一次开始吃饭时就不珍惜他的表现，人们肯定会把盛着面糊的小勺硬塞到他的嘴里。相反，如果让孩子坐在自己的小桌上，给他足够的时间，让他自己吃饭，我们马上能够看到，他会用自己的小手抓住小勺送到嘴里。

这是作母亲的重要职责,需要很大的耐心和爱心,母亲应该同时养育孩子的身体和心灵,但首先的是心灵。保持清洁的观念当然非常值得称道,但是作母亲的应该暂时把它放在一边,因为在这种情况下,这种观念是次要的。孩子开始自己吃饭时,肯定不会做好,会弄得很脏。但这是有道理的活动,那么对于孩子的冲动,就不要再顾及什么清洁了。在孩子发育成长的过程中,他将完善自己的活动,学会吃饭时不再弄脏自己。这时看到的清洁代表着真正的进步,是儿童精神上的胜利。

儿童有努力的愿望,表现在他们不断完成的很多理性的练习之中。快一周岁的时候,在学会说话和走路之前,他们像是在听从内心的召唤,开始行动。他们尝试用小勺自己吃饭的努力令人感动。他们很饿,还不会把想吃的东西送到嘴里,可是他们拒绝别人的帮助。只有在活动的需要得到满足后,他们才接受母亲的帮助。真是弄得很脏,但他们的小脸上闪烁着喜悦和智慧的光芒。这时,他们的努力成功了,便会高兴地让别人喂到嘴里。我们惊喜地看到,得到这种教育的孩子在一周岁的时候就能自己拿东西吃。他还不会说话,但已经完全能够听懂别人对他讲的话,而且能够用自己的行动服从我们所说的话。

儿童的这种劳作是天性使然,它给我们留下智力早熟的印象。我们对他说:"去洗手!"他会服从。同样,我们要他捡起地上的东西或擦拭灰尘时,他会积极去做。

有一天,我带着一个刚学会走路的 1 岁小男孩走在乡间的石子路上。我的第一个感觉是想把小男孩抱在手上，但是我没有这样做，而是用话引导他。"走这边！""小心，这里有一块石头！""当心这里！"他高兴又认真地听从我说的话，既没有跌倒，也没有受伤。我轻声细气一步一步地引导他，他注意听我说话，很高兴地能够做一件理性的事情，理解并用行动服从我说的话。

真正的帮助不应当为了那些无益的事情使用武断的方法，它应该符合儿童内心的努力。前提条件是理解儿童的天性，尊重他们本能活动的所有形式。

第三个原则是：由于儿童对来自外界的影响比我们认为的还要敏感，所以在与他们的关系中，我们应该非常小心谨慎。

如果我们没有足够的经验或爱心能够区分儿童生活中各种细微和敏感的表现，如果我们不知道珍视这些表现，那我们只有在表现猛烈爆发时才会注意到，这时，我们进行帮助就已经太晚了。有时，当孩子用眼泪告诉我们时，我们才注意到没有满足他的需要，这时才跑上去安慰哭泣的孩子。

另外，有一些父母的教育原则不同。他们并不在乎孩子哭泣，因为经验告诉他们，孩子最终会停止哭泣，自己平静下来。他们会说，如果我们用爱抚安慰孩子，孩子会被惯坏，最后养成习惯，故意用哭泣得到大人的安慰。这样，成人就会因为宠爱孩子变为他的奴隶。

我要回答他们的是：所有表面看上去毫无理由的眼泪在孩子说他

习惯我们的爱抚之前就已经有了,它是精神真实感到痛苦的征兆。为了营造内心生活,孩子需要休息与和谐。但是,我们却在持续不断地和粗暴地干扰他。另外,我们经常把许多混乱的印象接二连三地灌输给他,快得让他没有时间全部接纳。于是,孩子开始哭泣,就像他感到饿了或因为吃得太多感觉难以消化时的情况一样。

不管是安慰孩子还是让他自己擦干眼泪,我们都忽视了他的真正需要。这种哭泣的主要原因太细微了,所以被我们忽视,但它却能够解释一切。

艾莱娜是一个还不到一岁的小女孩,她经常用加泰罗尼亚方言说一个词:"布帕",意思是"很痛"。但是,没有明显的原因,她从来不哭。

我们很快发现,她在感到任何不快时都会说"布帕",比如碰到某些硬的东西,觉得冷,偶然碰到大理石板或是手在粗糙的表面上划过。显然,她想让周围的人明白。人们用同情的话语回答她,她伸出手指表示很痛,人们就吻一下她的手指。她注意观察人们的举动,感到高兴后便说"布帕不了",也就是说我不痛了,不需要你们再安慰我了。她以这种方式认真体会自己的印象和周边环境的印象。她不是一个被宠坏的孩子,并不是她想得到的时候,就要别人爱抚和安慰。我们的安抚符合她的印象,对她明确观察和发展社会本能是一种帮助,对她在最初的生活经验中学会控制自己和寻求支持也是有益的。她的敏感细微和纯真,敏感的天性毫无阻碍地得到了发展。当她表明自己感到不快的时候,人们并没有对她说:"没什么。"人们乐意接受她不愉快的印象,尽量用爱抚安慰她,而且不用过分强调什么。对一个感觉痛的孩子说"没什么!"意味着迷惑他,因为他想从我们这里得到对印象的确认,但他的印象却被否定。相反,我们的参与给了他积累其他经验的勇气,同时还向他说明如何去同情其他人。不否定,不说过分的话,不寻找事情的起因,用一句温柔和热情的话作为给孩子安慰的唯一回答。这样,孩子就可以自己继续自由地观察和体验,他的身体发育成长将因此深受裨益。

小艾莱娜不是爱哭的孩子,她痛的时候就会说"布帕",她想得到安慰,几乎从来不哭。有一次,她病了,却总是对妈妈说:"布帕不了!"好像是在安慰她的妈妈。她对身体疼痛的承受能力超过了她的年龄范围,对身体感觉有了比较清晰的理解,能够像成人一样忍受小的痛苦。

孩子在看到周围人遭受痛苦的时候经常绝望地哭泣,小艾莱娜和小罗伦佐同样也很敏感。如果假装打他们的保姆,或是父亲装作打他的朋友,他们就会哭泣。不管什么原因,在有人抱怨或者哭泣的时候,小女孩会马上跑上去热情地亲吻他,然后带着坚定的语气说:"布帕不了!"意思是说:"现在一切都好了,别再想了!"她还不会说话,但是语气是那么的明确和坚定! 罗伦佐则更勇敢,他敢于埋怨他的父亲。如果他的父亲有急躁的举动,或是把他推到一边,他不会哭,而是站到父亲面前,严肃地看着父亲,并且带着埋怨的口气说:"爸爸,爸爸!"意思是在说:"不要这样对我!"

有一天,罗伦佐躺在床上想睡觉,父亲站在旁边大声与别人讲话,罗伦佐坐起来大声地说道:"爸爸!"他的父亲听到警告后不再做声,罗伦佐满意地躺下睡觉了。这让我想起艾莱娜稍大一些时,大约3岁时发生的一件小事。她的姑姑给她看了一套颜色板,那是我的一件教具。有一块小色板掉在地上摔碎了,她的姑姑借机说道:"你看,要特别当心这些小色板。"艾莱娜回答说:"那你就小心点,别掉在地上!"事情就是这样:孩子们在评判和埋怨成人,如果孩子有正当理由,成人还要阻止他们,他们的正义感就会减弱或是走向歧途。

在孩子眼里,我们绝对没有必要显得十全十美。相反,我们需要承认我们的缺点,耐心地接受孩子的正确观察。接受这个原则,我们就有可能在不正确的时候向儿童道歉。

有一天,姑姑对艾莱娜说:"我的小可爱,今天早上我对你太粗鲁了,不应该这样对你,我当时心情不好!"小女孩抱着她回答:"亲爱的姑姑,你知道吗?我非常非常爱你!"

对于儿童,我们没有必要成为十全十美的榜样,因为在他们眼里,我们总是有缺点的。他们经常比我们自己看得还要清楚,而且能够帮助我们认清和改正缺点。

认真注意所有反映儿童心灵的表现,使他们自由并能够表达他们自己的需要,为他们的进步提供外界的保障,这就是儿童自由和谐发展和培育萌动力量的前提。

儿童在深刻和温情地感受生命的表现,他们要求得到极大的关爱和理解。儿童首要的任务是培养内心生活,为了达到这个目标,他们自出生起就开始运用上帝赐予人类最奇妙的手段:智慧。

全新的教师

相信通过刺激能够唤起儿童的精神活动，这是我们教育体系的基础。但是，我们又绝不能完全依赖这种刺激。

刺激效果的大小取决于教师，取决于她向孩子介绍教具的方法。如果她能让这些东西吸引儿童，那么她的教学就会像教具一样有效。因此，我们把教师上课或教学理解为教师向孩子介绍并教孩子使用教具的一种特别的能力。

学习我们教育法的人非常注意老师的教学问题。我们可以用我们学校的授课与使用传统方法授课的学校做个比较。

我们上课时，活动的主体是儿童，让儿童主动去做。一旦孩子到达可以理性行动的年龄，他们就能够继续自我教育，通过主动的重复练习进行推理。这样，他们就能够开展完全属于他们自己的独立劳动，而教师不应该干涉。教师的职责只是给孩子提供教具，教他们如何使用，然后让孩子们自己劳动，因为我们的目的不是为了上课而上课，而是唤起和发展他们的精神力量。

上课的次数应该是比较多的,因为孩子对周围的东西几乎都不会用,也不可能自己猜出来,所以需要教师给他们演示。有许多老师问我:"那么,给孩子教具时斯文和蔼就够了吧?"不够,真得不够,因为最重要的是使用方法。比如刀叉,我们都知道怎么用,但是如果有一个中国人不知道怎么用,看到刀叉摆在桌上,就会感觉不知所措,换着手摆弄,直到看见我们当中的人开始使用。

老师就是这样上课的,每次把圆柱积木按体积大小一个个地摞起来摆成一座小塔,然后再推倒;把圆柱积木从槽里抽出来混在一起,然后再重新插到对应的槽里;或者在地上铺开一条游戏时用的地毯。这些课看上去似乎很奇怪,几乎是在无声的情况下上的,而人们通常想的却是,上课意味着口头讲解,要有一段简短的叙述。然而,这种无声的授课也是真正的"上课"。同样,教孩子怎样坐下,怎样起立,怎样搬小桌子,怎样拿着有水杯的托盘,怎样轻手轻脚和小心安全地走动,难道不也是上课吗?"安静"也是一个课目,可以用安静的练习教孩子学会坐着不动,让他们习惯保持这个姿势,直到有人轻轻呼唤他们的名字。我们引导他们注意身体最细微的动作,使他们能够完美地控制自己的动作。老师不可能用说教让孩子保持安静,只能用她的自信和平心静气。所以,我们可以说,在某种意义上,"安静练习课"是我们授课的一个标志。用这种方法可以教所有的东西,甚至那些人们普遍认为只能通过说教才能学到的东西。

在我们的学校里,环境也在给孩子上课。老师只需要在教孩子如何使用各种东西时,让孩子与环境直接发生联系。

在其他教育法中,这种事情不可能发生。孩子只听到命令。比如,老师会对一个孩子说:"安静!""住嘴!"这些难道是教育的语言吗?!我们不相信说教和发号施令在教育上的力量,相反,我们在谨慎地引导孩子开展自然的活动,同时不引起他们的注意。孩子让我们看到努力的成果,他们掌握了新的能力,并通过积极和经常性的练习完善了自己的能力。另外,服从命令是以个性形成为前提的。换句话说,孩子们应该已经掌握了按我们的想法进行活动的能力。因此,我们要孩子服从,仅靠命令是不可能得到的。人们经常听到钢琴老师说:"摆好手指!"但是,老师却不向学生演示怎么样摆好手指。就这样,学生摆不好手指,老师不断地重复,学生在琴键上还是摆不好。

在命令之前,应该做一些更重要的事情。在儿童心理发展的过程中,应该已经形成某种秩序,使他们能够听从成人和服从成人。这种状态是儿童通过不断地练习自己获得的。在此之前就引导孩子服从是难以想象的,在上课时口头命令孩子服从,服从状态较晚时才会发生。

当然,说话能力也是要教的,我们要教孩子使用的词汇和词汇的表达方式。

通常情况下,没有经验的老师非常注重授课,认为把教具以最合适的方法教给孩子就完成了所有工作。但事实上,她们做的还远远不够,因为老师的职责更为关键,她们要引导孩子的心理发展。所以,对孩子的观察不应该只为了学会了解他们,而是所有的观察都应该以帮助孩子为目标(只有这样观察才有目的性)。

"全新的教师"承担了艰巨的任务。为了帮助她们,我想提几个原则。首先,教师要懂得认识什么是集中注意力。当孩子专心"伟大的劳动"时,教师应该尊重这种全神贯注的精神,不要用表扬或矫正去打扰他们。很多教师只在表面上掌握了这个原则,在分发教具后就退到边上,静静地看着孩子,不管发生什么事情。结果,课堂里一片混乱。以"不干涉"的方式尊重孩子的活动,只有在一种情况下可以奏效,这就是儿童生活中已经存在一种本质的现象,即他们已经完全掌握集中注意力的能力,在一件物品引起他们的注意(不是好奇)时能够集中注意力并全身心地投入。相反,当儿童在无序的状态下浪费良好的精力时,这种尊重是毫无理由的。有一次,我看到有一个班级非常混乱,孩子们胡乱地摆弄各种教具,老师却在教室里慢悠悠地来回踱步,无声无息,就像一尊狮身人面像。我问她是不是最好让孩子们去花园玩一玩。于是,她走到每个孩子旁边,在耳边轻声低语了几句。我问她:"您在做什么?"她回答说:"我在轻轻地说,不想打扰他们。"

这位老师犯了一个严重的错误。只有秩序才能促进孩子个人的活动,但她没有想着恢复课堂秩序,而是害怕打破无序的状态。

有一次,一位老师给我讲了她的看法:"您希望像尊重科学家或艺术家的全心投入那样,尊重孩子全神贯注的态度。但是,您为什么还要说,需要打断那些不在劳动,而是在摆弄教具的孩子呢?"我回答说:"是这样的,我尊重孩子的智力活动,就像尊重艺术家的创作一样。但是,这种尊重是对艺术创作，而不是对艺术家。比如，如果我走进他的画室，看到他正在专心抽烟或打牌，我当然不会不打扰他。或许我会对他说：'好了，我的朋友，有什么事让您那么忙？您真是抽得太多了！放下烟斗吧，我们出去转一圈，享受一下阳光。'"

我们的教育方法当然不是要尊重缺点或表面性的东西，它的根本出发点在于懂得区分儿童的身体状况是能够促进他们精神健康的（我们可以称为"积极的一面"），还是不能推动构建，没有促进成长作用，甚至破坏发展和无意义地浪费他们的精力（我们称为"消极的一面"）。

我们希望不仅在教师心里，在母亲心里也都有这种区分能力。

老师可以用严肃和强有力的方式要求学生，让学生恢复秩序。然而，懂得其中道理的老师有比强迫更有效的办法，达到让学生恢复秩序的目的。毫无疑问，这需要持续监督和不断工作，她必须监督和注意周围的环境。命令和告诫变得更容易了吧！但是这样的话，她的任务并不轻松，而且要求她有更强的洞察力和付出更多的爱心。

教师必须关心儿童的环境，就像妻子持家，让家里的气氛愉快和有吸引力一样。但是，这还不够，教师还应该知道儿童的需要，更应该用她的双手使哺育儿童心灵的摇篮变得更加美丽。

通过实践和观察，教师将对她的职责有一个全面的了解。

儿童有秩序和无秩序以及是否取得成果常常取决于观察微小的细节，只有通过实践才能获得令人满意的结果。

我们可以很容易地举一个例子说明一下，一个表面看上去很小的错误是如何导致影响久远的后果的。让我们想象一下,在一处工人之家,楼里也有卫生间,如果房客们把浴缸和洗手池当作放煤的地方,他们肯定不能洗漱,而且还破坏了住宅和家具陈设。因此,他们不能利用给他们提供的有利的卫生条件,就因为一个表面看上去很小的错误,他们生活在可怜的条件下。期待巨大成果的地方,却什么也没有得到。没有秩序,而是造成了无序。

教师的能力在于经过深思熟虑运用我们教育法的基础。如果她把这些基础融会贯通,她就找到了解决所有小困难并取得巨大成果的方法。

促进各类完善的道路是相同的,精神上的完善也是如此。懂得战胜小的缺点,包括那些可以原谅的缺点,并不意味着达到了完善。但是,那个懂得如何摆脱懦弱的心灵却能够得到升华,而且在克服缺点的同时,还可以让积极的力量发挥所有能量。这样,小困难就会一点点得到克服。

我们必须帮助儿童摆脱他们的缺点,不要让他们感觉懦弱。

成人与儿童

如今，教育运动如此广泛，已经超越了职能者的范围，成为最主要的社会问题之一。人们已经认识到，文明的进步不能仅仅以新的形式和实用的方法运用科学来改善外部环境，更需要实际运用一种科学来指导和帮助人的发展，也就是儿童的发展。因此，不仅科学家和教育工作者，包括家长和公众，都非常关心现代围绕教育问题的科学学说。大家都知道有关现代教育的两个基本因素：一个是研究和培养人的个性，也就是了解每个儿童的个性特征并根据每个儿童的特点进行引导；另一个则是让儿童自由活动。

众所周知，实现新型教育的前景如今碰到了难以逾越的障碍，教育科学就此提出了一系列的问题。在研究领域，"问题"一词变得尤为突出，可以听到人们谈论学校的问题、自由的问题、兴趣和能力的问题，等等。而在其他学科，可以听到人们谈论的是规律：光线传播的规律、万有引力定律，等等。在科学领域里，问题往往是隐含和起铺垫作用的，没有重要性。真正属于科学范畴的是发现和解决问题。但是，在现代实验教育学中,似乎脱离问题状态,就意味着脱离了科学范畴,因为寻找问题被认为是科学的态度。如果有人说,我解决了所有教育问题,我发现了人的灵魂,我让教育变得简单和可靠,那他就不像一个能够被科学界认为是严肃认真的人。事实上,在学生的自由和要求他们按照教学大纲学习,或必须通过劳动掌握文化知识之间,在个性发展和社会生活要求之间实际存在着冲突,因为在人类社会中,个体身上存在着不可避免的困难处境,他不仅要适应难以预料且时常严酷的要求,还要适应文明社会得到稳固的道德标准。因此,个体只能在不同程度上牺牲自己的个性。对于儿童来说,他们好像必须不可避免地忍受义务教育带来的痛苦,但人们却希望他们从中得到享受;儿童必须付出辛苦,但人们却希望他们不感觉劳累。人们强迫儿童必须服从,但又希望他们是自由的。这种愿望与现实要求的对立,是教育问题的根源。科学家尝试解决,却招致成人一系列的抱怨,因为他们在履行对儿童义不容辞的责任。事实上,现代学校的所有改革都是想减轻难以避免的消极影响,比如,减少课时,减轻教学计划,强制课间休息和锻炼身体等。但是,归根结底,这些补救办法损害了文化知识的进步。

教育至今走的是一条死路。不管怎样,这些问题的解决不应该是一种妥协,它需要一场真正的改革,从而能够描绘出新的教育之路。

应用于教育的科学没有找到一条通畅的道路,它在其他领域对人类生活奉献了耀眼和有用的发现,但在我们的领域,它只限于研究外部的表象。我们可以用医学的术语说:"它在努力对症下药,但却没有想要探求某些未被感知的关键错误是否才是外部表象的原因。"

人们知道，在医学上，各种症状可能出于一个主因，它决定了数不胜数的症状，对症状逐一进行治疗往往是徒劳无功的。经验表明，心脏的功能性紊乱可以造成各种器官不同的病症，治疗病症是徒劳的，只要恢复心脏的正常功能就足够了，病症会马上消失。另一个例子是精神分析学家研究的心理疾病，心理疾病表现出的情感和思想非常复杂，现象极其混乱且难以理解，原因只有一个，它是隐藏在潜意识中的原因所造成的结果。如果探查潜意识，找到隐藏的原因，一切就容易理解了，病症就会消失或者变得不那么重要。

我们前面谈到的教育问题可以比作难以减轻的病症，因为它出自一个未被感知的主因，可以说是一个隐藏在整个人类社会潜意识中的原因。

我们的教育工作不像当前教育那样用来解决病症，而是走了一条研究的道路，它让我们找到了这些病症至今难以克服的主因。克服了这个主因，所有的问题都消失了。

如今，所谓教育问题，尤其是个性、性格、智力发展等问题，都能够在成人与儿童长期的冲突中找到根源。成人压抑儿童所造成的障碍很多，而且非常严重，成人越是不停地压抑儿童，后果就越是危险。成人几乎在权利、科学和信念驱使下，用主导意志武装了自己并对付儿童。因此，最接近儿童的成人，如母亲或教育工作者，代表着对儿童个性形成最大的威胁。这个强者与弱者之间早期冲突的问题不仅涉及教育，还反映在人的心理生活上，它是造成许多心理病态、性格和情感异常的关键因素。因此，这个问题具有普遍意义，或者更准确地说是循环式的，成人影响到儿童，儿童影响到成人。

彻底解决教育问题的第一步不应该针对儿童，而应该针对作为教育者的成人，需要明确他们的意识，摆脱诸多先入为主的偏见，最终转变他们的思想态度。接下来，第二步是为儿童准备一个适合他们生活和没有任何障碍的环境。环境只取决于一个人：儿童。在逐步从需要与各种障碍抗争的现实中解放出来后，儿童就会开始表现出他们的优秀品格和他作为新个性创造者的高尚和纯洁的本性。有了这两步，就完成了必要的基础准备，它能够改变成人和儿童的精神境界。事实上，在我们为儿童准备了一个适合的环境，使他们能够自由选择的活动主题后，儿童在安静的劳动中开始表现出以前不为人知的个性特征。适合精神生活最基本和显著需要的环境是一个展现天赋的环境，然而儿童的天赋是秘密隐藏的，过去在与成人的冲突中，儿童的精神生活只发展了他们自我保护和受压抑的性格特征。因此，在儿童身上，存在着两种心理个性：一种是自然的和有创造力的，它是正常的和优秀的个性；另一种则是被迫适应的，是低等的个性，具有在弱者被强者进攻和在与强者进行斗争时表现尖锐和扭曲的个性特征。事物本质所决定的崭新的客观现实就像一座灯塔，在指引我们教育的道路，它就是全新的儿童形象。它是我们的新发现，可以说是在心理学意义上指导我们新型教育的"发现"。全新的儿童在从容行动的同时，还表现出自信、勇敢，而且他们具备的精神力量还有社会性的意义。与此同时，儿童身上的缺点，那些人们徒劳地想用教育纠正的缺点：任性、破坏精神、说谎、害羞、恐惧，总之所有那些与自我保护相关的特点都会消失，更准确地说是不会再出现。在新型儿童的身边，与儿童进行交流的成人，也就是教师，也有了自己全新的定位。教师不再是强势的成人，而是一个谦逊的人，变成了一个为新生命服务的仆人。有了这个基本经验之后，也就没必要再讨论教育是否首先要确定讨论的基础，即儿童是不是被压在强势成人之下，而且因为无法摆脱压制而长期处于自我保护的状态之中；或者儿童是不是已经从强势成人中解放出来，并且处于正常的生活状态之下，能够表现出创造性的特征。

在第一种情况下，成人本身就是问题产生的原因，他制造了问题，却没有意识到，他要解决问题，却陷入"问题难以解决的密林之中"。在第二种情况下，成人意识到了自己的错误，他知道摆正自己的位置，尊重儿童。于是，在他前面，他找到了一条平坦、易行和光明的道路，一个和平与充满奇妙色彩的新世界。

只有在第二条道路上，我们可以着手发展教育科学。事实上，科学观要求我们找到或发现真理，它是科学进步坚固的基石，它要求我们有可靠和明确的指引，用调查的方法或者在研究过程中避免可能出现的错误。那么，给我们提供明确指引的就是儿童本身，他们要求成人仆从给予帮助，并且如是说："给我帮助，让我自己去做。"

事实上，儿童通过自身的活动在他的环境中得到发展，但是他们需要物质的手段，必不可少的指导和知识准备。现在，成人必须为儿童发展的需要做好准备。成人必须给予帮助，做该做的事，使儿童自己积极地行动。如果成人比需要做得少，儿童不可能积极地行动；如果成人比需要做得多，他就会强迫或替代儿童，磨灭他们实干的冲动。因此，存在着一个干预的界限，有一个明确不能超越的限制，可以称为"介入门槛"。

随着指导经验不断丰富，这个界限慢慢变得越来越清晰，成人教育者的个性和儿童个性之间存在的必要关系也越来越明确。

儿童开展活动与教具发生关系，也就是与环境里各种让他们使用的和有明确科学意义的物品发生关系。在这一点上人们可以解决学习文化知识的问题，问题的关键在于它不仅限制了成人的干预，而且还用教具取代了教师传统意义的教育方式，使儿童根据发展需要自己掌握必要的知识。每个儿童自由选择自己的活动时，他们就能按照自己最内在和深层的需求发育和成长，在教育中取得进步。在这种情况下，通过学习知识的练习，个性也得到了发展。教师的责任是领导和指导，只提供某种帮助，他是一个仆人，而儿童的个性特征则是依靠自己的力量在他们自己的活动中发展的。

很多非常重要的观点都来自这一经验，也因此慢慢建立了一个极其明确的和新型的教育科学。其中一点就是：不仅教师的干预是有限制的，而且提供的教具，甚至整个环境也应该是有限制的。提供的教具不足或过量都对儿童的正常发展有害,因为缺少教具可能引起发展停滞,而过量的教具将导致混乱和力量的分散。我们可以举一些同样熟知的例子说明这个观点,比如说食品营养的问题。大家都知道,吃的食物不足将导致营养不良,但是吃得过量则会引起中毒,引发无数的疾病。众所周知,吃过量的食物并不能使人更加健壮,反而会使人虚弱,但是过去人们却认为,吃得越多,人就会更健康和幸福。纠正这个错误看法后,人们越来越注重食品的数量和质量,因此,营养科学开始越来越准确地了解其中的界限。今天,有些人理解教具是个体教育的关键,然而他们往往认为最好给儿童提供大量的教具,但是却没有系统性,也没有任何限制。这些人可以比作是过去那些认为没有限制的大吃可以让身体更健康的人。两种情况是完全平行的,一个是身体的营养,一个是精神的营养。研究心理发展的手段,即教具,也越来越趋向认为存在明确的界限,在限定的范围内才能促进儿童的全面发展和儿童最大自发性的活动。但是,它只针对受这种观念引导的全新的儿童而言。

全新的儿童形象在他们出生后的头几个月里就已经向我们展现出来。

很明显,如果我们习惯于只把那些有意识的和用语言表达的东西作为可用于教育的心理事实,那么我们就完全忽视了对婴幼儿的教育。身体健康护理之外无事可做的想法忽略了一些最重要的事实。但是,成人在准备迎接而不是压抑儿童的心理表现时可以明确地看到,儿童的心理生活比我们想象的更早且更丰富。它清楚无疑地说明，婴幼儿的心理生活以及他们与外部环境发生联系的努力，早在发展原动力之前就已经存在，在原动力还没有展开，语言还没有发展之前，婴幼儿就有了活跃的精神，也需要心理帮助和护理。因此，在儿童身上存在着二元性，存在着心理生活和原动力生命之间功能性的对立。它与低等动物不同，因为在低等动物身上，本能在动物出生后就已经激发了生命运动。人需要自我构建伟大的手段，心灵必须通过它得到表现和展开行动。这使我们想到，它是人类独有的高级特征，人必须靠"自我"激发复杂器官的运动，因为他想按照自己的个性特征，用它为自己服务。为此，人在自我塑造，目的是拥有自己和指挥自己。所以，我们看到婴幼儿在不停地运动，他们需要根据精神需求逐步创造行动。成人在思想的指挥下行动，婴幼儿则是在运动中创造思想和行动的合体。这就是儿童个性特征发展的关键。

因此，阻碍儿童运动的人也阻碍了儿童营造自己的个性特征。于是，他们的思想脱离了行动，行动听命于他人，而不能反映自己的心声。这样，儿童的个性被打破，内心的纷争不断持续，心灵变得脆弱。因此，为了人类的未来，不论是在家庭教育还是学校教育中，都应首先重视这个非常关键的事实。

儿童的精力比我们想象的要充沛得多。他们往往不是因为太多的劳动，而是因为被迫完成不适合他们的劳动而感到痛苦。儿童的兴趣是努力做符合他们智力和个人尊严的事情。如今，在世界各地成千上万的学校里,我们看到全新的儿童在进行着过去人们不敢想象的劳动。幼小的儿童表现出反映个性特征的创造性运动,他们能够长时间地劳动,不感觉到劳累,能够集中精力,不受外界事物的干扰。在学习文化知识方面,他们表现得非常早熟,4岁半的孩子就已经学会写字,他们写字的时候满怀热情和喜悦,我们把这个现象称为:"爆发书写"。

人们以非常轻松的方式,而且是在热情的氛围中完成了儿童的早期教育,没有让他们的儿童劳累,因为那是他们自发性的活动。

观察这些身体强壮、健康、平静、从容、敏感,充满热情和快乐,随时愿意帮助他人的儿童时,我们不得不思考,因为一个根本和原始的错误,浪费了多少精力。它让我们想到,这样一个极大的过失对人类的本源造成了不公正。而且它还不完全是过失,更是一种潜意识形成的巨大错误。是成人造就了儿童的无能、混乱、反抗,是成人破坏了儿童的个性特征,压抑了他们的冲动和活力。反过来,成人又忙着纠正他们在儿童身上造成的缺点、心理偏离和性格上的懈怠。这样,成人就像在一座迷宫里,找不到出路,不能成功,没有希望。如果成人不能认识到自己仍未察觉的错误,不能改正错误,那么对他来说,教育就是问题难以解决的密林,他的孩子在长大成人后,将是错误的受害者,而且错误将代代相传下去。

注释

[1] 原文是拉丁语 Servite Domino in laetitia，出自《旧约》大卫神谕。——译者注

[2] 原文是拉丁语 *Multa debetur puero reverentia*，引自罗马诗人乔维纳莱的讽刺诗第十四章。——译者注

[3] 我们明确知道，人的精神强度，也就是精神的注意力是不可能衡量的，甚至更不可能比较和衡量某一个人精神集中的状态，或是从事不同工作的人在精神集中时的不同状态。我们这里描绘的曲线并不代表完全准确的数值，而是总体说明有序和无序的变化以及劳动的强度。同时，我们也不能忽视一点，这里指的"强度"只能根据外部表象纯粹主观地"估算"，它是不可能衡量的。因此，这条曲线不等同于严密的自然科学经过准确计算得出的曲线。我们画出的曲线只是为了方便我们以图解的方法进行整体观察。——原注

[4] 让·法布尔（Jean-Henri Casimir Fabre, 1823—1915），法国昆虫学家。——译者注

人格塑造

(FORMAZIONE DELL'UOMO)

偏见与星云

序　篇

矛　盾

从开启我们的事业至今已经过去了很多年！1907 年建立了第一所"儿童之家"，此后，有关儿童教育的观念和工程很快便传播到世界各地。40 年过去了，其间尽管经历了两次欧洲和世界大战，但教育运动却没有退却，而是在很多国家打下了良好的根基。

如今，我们从未像过去那样深信儿童教育的重要性，同时也希望为我们的事业注入新的活力，切实帮助人们重建这个被人类历史上最骇人听闻的灾难无情摧残的和令人痛心的社会。

我觉得自己就好像在面对一个生机勃勃的家庭，它必须前行，尽管年轻和强健，但它却极其需要信念和希望。

在此，我想为我们事业的方向提供某种指南。为什么在称为"蒙台梭利学校"和"蒙台梭利教育法"的实践中存在着很多困难、很多矛盾和很多不确定性？然而，蒙台梭利学校却在战争和灾难中仍然继续前行，并且在世界各地愈加普及。你们甚至可以在夏威夷群岛，在太平洋中的火努鲁鲁，在尼日利亚的原住民中，在斯里兰卡，在中国，在世界各个种族和各个国家看到蒙台梭利学校。

你们相信在非洲原住民、印度或中国以及在最文明的国家中会有十全十美的学校吗？如果你们听从"专家"之言，他们或许会说，确实没有一所好的学校。但是，他们却一致认同蒙台梭利教育法是当今最普及的现代教育方法。不是十全十美的范例为什么会得到普及呢？有很多国家为了不阻碍蒙台梭利教育的普及而修改了法规！这是为什么？基于怎样的基础？如果没有报刊的宣传和推广，没有社会团体之间完全配合和有机协同，怎样得到普及呢？

有人说，这是一种变革的现象，或是一粒随风散播的种子。

也有人说，它是一种看似自视自我的教育方法，孤芳自赏且不与他人苟同。然而，没有任何其他的教育法始终借此机会在世界各地宣教团结与和平！

有这么多的矛盾！难道其中就没有什么不可思议的东西存在吗？

为此，有些著名的教育思潮和教育家，例如世界大型组织"新教育联盟"，试图与蒙台梭利教育法合作，并将蒙氏教育法与其他各地不断兴起的新教育法融合在一起。各地都想走出这关键的一步，即通过各种尝试将儿童教育工作者的所有努力结为一体。这需要打破教育法的自我孤立，得到学者的重视，而且首先要尽可能更好和更长期地将其传授给教师。

我知道有很多致力于这种教育法的人如今正在努力解决合作的问题。

另一种奇怪的现象是这种在幼儿园里采用的教育法已经开始渗透进小学，甚至中学和大学。

在荷兰有5所蒙台梭利高中，成果令人满意，荷兰政府不仅给予资助，还承认学校的独立性，如同其他所有被认可的高中一样。我看到在巴黎的一所蒙台梭利私立学校里，学生变得更加自信，性格更加独立，而且不像其他法国高中学生那样惧怕考试。在印度得出的结论，甚至是蒙台梭利大学已成为现实的需求。

不仅如此，蒙氏教育法还在反方向上迈出了一步，被应用在小于三岁的幼儿教育上。我们在斯里兰卡学校接收了只有两岁的孩子，而且人们还要求接纳一岁半的幼儿。在英国，有很多托儿所使用我们的教育法，在纽约也建立了蒙台梭利托儿所。

那么，这种涵盖从新生儿到大学学士毕业生的教育法到底是什么呢？

它的确不像其他教育法。福禄贝尔[1]教育法仅指对学龄前儿童的教育，裴斯泰洛齐[2]教育法局限于小学教育，赫尔巴特[3]教育法尤其注重中学教育。在现代教育法中，我们知道有用于小学的德可罗利[4]教育法和特别注重中学教育的道尔顿计划[5]，等等。是的，传统的教育法被改良，然而用于某一年级的教育法却不适用于其他年级。没有一个中学教师会考虑用什么方法教育幼儿园，甚至托儿所里的孩子，年级与年级之间截然不同。今天，倍增且繁多的教育法针对的是某一个差异迥然的年龄阶段。

有人可能说,让高中也采用福禄贝尔教育法,这种说法毫无意义。有人也可能说,想在大学里推广托儿所的教育法,那是在开玩笑。

然而,为什么人们却认真看待将蒙台梭利教育法普及到各个教育层级上呢?这是为什么?蒙台梭利教育法到底是什么?

人们也在持续地对照和比较,例如用英国的托儿所与蒙台梭利学校进行对比,比较两家机构使用的玩具和对待孩子的方法,旨在能够使之融合并成为唯一的东西。在美国,人们进行了很多对比,目的是找到福禄贝尔学校与"儿童之家"的共同之处。通过比较我们的教材教具和福禄贝尔式教育的教材教具,得出的结论是两种东西都是好的,而且适合共同使用。其中只有几点不尽相同,例如,在讲述童话故事、玩沙游戏以及在游戏中使用的教具和其他细节上仍然存在很多争议。在小学教育方面,人们仍在争论教授读书写字或算术的方法,尤其指出我们在这个教育阶段没有教授几何或其他过于先进的东西。对于高中教育,人们也有不同的看法。一些人认为我们不够重视体育,没有引入某些诸如力学和手工等更加突出现代教育方式的课程。所有这些争论都表明,蒙台梭利学校的教学计划应该与其他高中保持一致,否则,学生就不可能被大学录取。

总之,我们身处迷宫之中……

蒙台梭利教育法是什么

人们想用简单几句话就可以明白蒙台梭利教育法是什么。

如果去掉人名,以及对"方法"的一般性认知,并用另一种说明取而代之,如果我们说"它是一种帮助,能够让人格获得独立;一种工具,能够从古老教育偏见的压抑中解放人格",那么一切都变得格外清晰了。我们应考虑的是人格而非教育的方法,它是对儿童的保护,科学地承认儿童的天性,宣告他们的社会权利,它应该取代那些割裂零散的教育方式。

由于"人格"是属于每个人的,不论是欧洲人、印度人还是中国人,只要生活的环境能够帮助人格发展,它就关系到所有由人居住的国家。

那么,什么是人格? 它来自何方? 人什么时候开始成为人? 我们或许很难定义它。在《旧约全书》中,人被作为成人创造。在《新约全书》中,人从婴儿开始。人格在各个成长阶段当然只有一个,然而,不论是什么人,什么年龄,小学里的孩子也好,青少年、年轻人和成人也罢,他们都是从婴儿阶段开始的,从婴儿成长为成人,人的个体统一没有间断。如果人格在成长的不同阶段是一致的,那么就应该构想一种能够涵盖所有年龄阶段的教育原则。

事实上,我们如今采用的最新课程就是将儿童称为"人"。

未知的人

人以婴儿的形态来到这个世界,继而迅速展现造物的奇迹。新生儿尚没有形成语言,也没有人类行为的其他特征。新生儿没有智慧、记忆、意志,也没有行动和站立的能力。但是,新生儿却在进行心理创造。

两岁时开始说话、行走、认识事物,5岁后便获得足够的心理发展,能够进入学校开始学习。

如今,科学非常关注两岁前幼儿的心理。几千年来,人类始终伴随在幼儿身边,但对人的智力和人格形成这种自然奇迹毫不敏感。怎样形成的?通过哪些过程?有哪些规律?

如果整个宇宙是建立在固有规律上的,人类智力的形成也不可能出于偶然和没有规律。

所有一切都是按照复杂的发展规律进行的,人类也是如此。人在5岁时变得聪慧,应该经历过构建智慧的发展过程。可以说,这个领域至今还没有被深入探索。对我们过去的科学认知还是一片空白,一个未曾发掘的领域,一个未知,它关系到人格形成的过程。

我们的文明已经到达一定程度,而这种无知的持续存在必然有其不可思议的根源。有些东西深埋在无意识里,被包裹上一层偏见的硬壳,难以破除。科学要探索人类灵魂这个浩瀚幽暗的领域,需要克服强大的障碍。我们只知道,在人类的灵魂中存在着某种我们未曾关注到的谜一样的东西,就像我们不久前才知道,在地球的南极存在着广袤的冰原。今天,人们开始考察南极并窥见到充满神奇和富饶的大陆,有温暖的湖泊和大型的生物。但是,要到达南极洲,需要克服冰盖和异常寒冷的气候带来的阻碍。同样,我们可以说,儿童就是探索人类生命的南极洲。

年纪增长的人(少年、青少年、青年、成人)从虚无中向我们走来,我们则以他们所处的状态评判他们的各个方面。在这些年龄阶段，我们引导人的努力总是出于先验和表面的。我们像笨拙的培育者，评判表象和结果，从不担心由此产生的后果。福禄贝尔把四五岁小孩上的学校称为"儿童乐园"是正确的，或许我们应该这样称呼所有的学校，尤其是那些真心追求儿童福祉和幸福的最好的学校，我们都可以称其为"乐园"，并且用以区别那些仍然沿袭残酷专制的学校，因为在那些现代、优秀和体现福禄贝尔理想的学校里，教育者的表现就像优秀的园丁和种植者精心培育树苗一样。

但是，优秀的种植者后面有科学家。科学家在探索大自然的奥秘，发现并获得深层次的知识，这些知识不仅可以引导科学家进行评判，而且还可以得到转化。现代种植者增加了花卉和水果的多样性，改造了森林，改变了地球的面貌。可以说，他们是从科学而非惯例之中汲取了技术原理。那些改变地球面貌的美妙绝伦的鲜花、五彩缤纷的重瓣康乃馨、高贵的兰花、流香无刺的大朵玫瑰花以及很多水果和奇花异草，无疑都是人类对植物进行科学研究的产物。是科学造就了新的技术，是科学家推动建立了"超自然"的世界，它比我们如今称为原始自然的世界更加无比富饶和美丽。

对人的研究

如果科学开始研究人，不仅有可能为教育儿童和青年带来新的技术，而且还可能有助于我们加深对人和社会更多方面的理解，这些方面

103

至今仍潜藏在可怕的昏暗之中。

当今我们需要对教育和社会进行改革的基础应建立在科学研究未知的人之上。

然而，正如我之前所说，对人的科学研究存在巨大的障碍。它是几千年来积聚固化的偏见，就像巨大的冰川，几乎无法超越。因此，我们需要勇敢地探索，与敌对的因素斗争，为此不能只使用诸如观察和实验等科学研究常用的武器。

研究精神层面的人，研究心理学是自20世纪初开始正在普遍传播的一种文化运动。潜意识是科学卓有成效的发现。发现潜意识最初是在患有心理疾病的成年人身上，继而是在正常人身上。近年来，儿童心理学也开始受到学者的关注。

这些研究发现，今天几乎所有的人都存在着某些缺陷，统计结果无可争辩地表明，疯子和罪犯的数量日益增加，问题孩子的数量在增长，未成年人犯罪的现象日趋严重，这不禁让人担忧未来对人类造成的影响。很明显，我们文明创造的社会环境为人的正常发展设置了障碍。文明还没有像保护人体健康一样创造对精神层面的保护。今天，人们操控和利用地球上的财富和能源，却没有思考至高无上的力量是人类的才智；人们在探索隐暗无垠的自然力量，却没有照亮人类潜意识的深渊。精神上的人被遗弃在周围的环境里，他正在变成毁灭者，摧毁自己营造的世界。

因此，它可以理解为一种以唯一路径进行重建的普世运动，即帮助人保持平衡、心理的正常和面对外部世界的正确方向。这个运动不压制任何国家，不强制任何政治方向，它只是强调人的价值，只关心人的价值，它超越了所有政治和国家的差别。

在这样的新兴运动中，过去学校里的教育理念显然已经远远不足，过去的教育方法已完全不适宜我们的时代。

教育已经成为一种社会和人类普遍关注的现象，它应该建立在心理学基础之上，保护人的个性，继而引导个体理解并趋向文明，使个体不受混乱的侵扰并成为有意识的人，能够认知自己在历史中的现实位置。传授当今文化显然不需要什么"教学大纲"或者什么武断的方案，"教学大纲"需要的是能够理解人在现实社会中所处的环境，能够描绘历史和人类生命发展的宏图愿景。如果不能帮助人们了解应该适应的环境，当今的文化又有何用处？

最后，教育的问题应依照宇宙秩序的法则加以解决，其中包括人类生命有关心理建设的永恒法则和社会发展的可变法则。

尊重宇宙法则是最根本的需要。只有在宇宙法则的基础之上，才能够评判和修改众多构建的外部人类社会的法则。

我们的社会现实

人们现在普遍认为，环境飞跃般的进步与人的发展停滞造成了不平衡，人在适应环境的过程中遇到了巨大的冲突，并在冲突中煎熬和沉沦。可以说，外界的进步力量就像强悍的民族在侵略并奴役弱小的民族,被欺凌的民族在野蛮的战争中最终沦为奴隶一样。

如今,人类被自己所处的环境征服并受到环境的奴役,面对环境软弱无力。

奴役日趋快速增长,出现的形式在过去强悍民族征服弱小民族的斗争中也不曾有过,而人的软弱无能从未像今天这样达到了极致。

你们还能看到什么是安全的呢?财富得不到拯救,银行里的存款可能随时随地被全部剥夺。如果想积累财富,就只能像中世纪时一样藏匿起来,在隐蔽的地方聚集财富和埋藏财宝。因此,金钱不能流通,失去了它本身的价值。在一个国家里的钱不能带出国,即使一个人富有,也不可能在另一个国家生活,因为禁止携带金钱和珠宝出国,在边境可能被检查和搜身,就好像拥有的财产是偷来的一样。人们要带着护照旅行,而护照却成为障碍,不再像过去一样是对个人的保护。在自己的国家,人们出门也需要随身携带有照片和指纹的身份证件,而在过去对待罪犯也不曾这样。人们只能购买生活必需品,每次还需要使用票证,没有票证,甚至连面包都没有办法得到,而在过去对于靠乞讨为生的穷人也不曾这样。没有人有安定的生活,荒唐愚蠢的战争随时可能爆发,包括年轻人、老人、妇女和儿童在内的所有人都处于死亡的威胁之中。住宅被轰炸,人们只能躲在地下室里,就像原始人躲藏在洞穴里,避免野兽的攻击。食物短缺,成千上万的人因饥饿和瘟疫而死去,衣衫褴褛和赤裸的人因严寒冻僵而死去。家庭被四分五裂,孩子遭到遗弃,三五成群地孤苦游荡。

这种情况不只是在战争中被征服的民族,而是所有人,是人类自己被征服和奴役。为什么人类被奴役呢?是因为无论是征服者还是被征服者,所有人都是奴隶,都感到岌岌可危、害怕、怀疑、敌视,不得不用特务和强盗的行径来保护自己,以不道德的手段作为自我保护的方式。欺诈、盗窃花样翻新,代表着在极度限制下某种生存的方法。卑鄙、卖淫、暴力成为生存惯常的形式,人们过去崇尚的精神和文化价值荡然无存。上学变得枯燥乏味、令人疲惫,毫无自我升华的作用,学习的目的只是为了能够找到一份工作,而工作却是不确定和不稳定的。

令人震惊的是,被无名奴役中的人类却在千篇一律地呐喊他们是自由的、独立的,沉沦可怜的人们在呐喊他们是国家的主人。这些不幸的人在寻求什么?他们在寻求所谓民主带来的至高无上的裨益,也就是人民能够对如何治国各抒己见,能够进行投票选举。

然而,投票选举除了讽刺还有什么?选举由谁统治!统治者不可能打开捆绑人们、禁锢人们自我救赎行动和权利的枷锁。

就像上帝一样,主宰者是神秘莫测的,专制者是无上权威的。是环境吞噬和压制着人。

有一天,有一个做面包的年轻人在大型面包机上工作时,一只手被齿轮卡住,然后整个身体又被卷进了机器碾压。难道这不就象征着我们人类无意识和受命运驱使所处的境地吗?环境就像那台大机器,能够生产大量的食品,被卷压的工人代表着毫无准备和缺乏小心谨慎的人类,被本应提供丰富食粮的东西吞噬和碾压。这就是人与环境失衡的一面,人类应该解放自己,强健自身,发挥自身的价值,摆脱自我的疯狂,意识到自己的力量。

每个人都需要积累所有生命的价值和能量,发挥能量,准备自我解放。如今已不再是人与人斗争和试图压倒别人的年代,应当以人得到升华为目的对待人,使人摆脱渐成无益的束缚,避免使人坠入丧失理智的深渊。敌对的力量在于人在面对只能自食其果时的无能,在于制约人类的发展。要战胜敌对力量,人需要行动起来,准备用另一种方式面对同样能为人创造财富和幸福的环境。

这是一场全世界范围的运动,它只是要求人树立自身的价值,成为自己所创造环境的主宰者,而不是受害者。

新型教育的任务

看似我们有些脱离教育这个原本的话题,其实差别在于我们需要开辟新的道路,开辟如今我们必须前行的道路。

正如帮助医院里的病患恢复健康,使他们能够继续生活下去一样,教育如今在于帮助人类实现自我解放。我们应该是医院里的护士,而医院犹如世界之大。

人们应该懂得,问题并不像现在理解的那样仅限于学校,也并非关系到教育的方法是否实用或者富有哲理。

教育要么指明保护和提升人类的方法,为推动所有人获得解放的运动做出贡献;要么成为机体成长发育过程中未使用而萎缩的器官那样。

正如我们之前所说的，当下正在开展全新的科学运动，其中互不关联的科研成果最终必将融合在一起。

可是，这场运动却不在教育领域，而是在心理学的范畴之内。即使是在心理学范畴内，也没有源于对教育的担忧（为教育人而了解人），而是从解决人们，尤其是成年人痛苦和异状的考虑出发。因此，新的心理学来自医学，而非教育学。这种研究人类病症的心理学也扩展到了看上去躁动忧郁的儿童，他们的生命力量被压抑，并且走入歧途。

不管怎样，这场正在形成的科学运动的目的是设法阻止到处泛滥的伤害，并为错乱迷失的心灵提供补救的方法，也正是在这场运动中需要加入教育。

请相信，所谓现代教育的尝试，仅仅试图将孩子从假定的压制中解放出来，并不是正确的道路。让学生做他们想做的，用轻松的事情让他们感到高兴，让他们几乎回归到天性原始的状态还不够。教育并不是从束缚中得到"解放"，而是重建，重建需要研究"人类精神科学"。这是一项需要耐心研究的工作，成千上万的人都要为此付出努力。

参与重建工作的人必须满怀崇高的理想，应该比起推动社会进步的政治理想还要高，必须关注那些受到不公正压迫和贫困人群的物质生活。

这种理想是普遍的，是解放全人类，在解放和升华人类的进程中，需要极其耐心的工作。

你们能够看到，在其他科学领域，有多少人关在实验室里，在显微镜下观察细胞,发现生命的奇迹;有多少人在化学实验室里探究化学反应,发现物质的奥秘;有多少人致力于离析宇宙的能量,抓住并利用它!今天,正是这些数不胜数耐心朴拙的工作者推动了人类文明的进步。

因此,正如我们之前所说的,我们也应该为人类做一些类似的事情。理想和为之行动的目标对于所有人来说应该是共同的,它应该达到宗教书籍里对人的描述:

在你的荣耀和美丽中继续前进,走向成功并统治。[6]

我们可以注解为:"了解你自己和你的美丽,在你的富足和充满奇迹的环境中继续前进,走向繁荣并征服环境。"

有人会说:"是啊,很美,很迷人,但你们没看见周围的孩子在成长,青少年变成大人了吗?不能等待科学研究,因为那时人类将被摧毁殆尽。"

我会回答说:"不需要研究工作完成。只要理解这种理想并朝着这个方向前进就足够了。"

与此同时,有一件事已经非常明确:教育学不应该像过去那样被某些哲学家、慈善家或出于怜悯、同情和仁慈之人的思想左右。教育学应该建立在心理学基础之上,是应用于教育的心理学,而且应该立即将它命名为教育心理学。

在这个领域将来应该会有很多发现。毫无疑问,如果人还是未知的和被压抑的,人的彻底解放必将带来惊人的发现。教育应该像普通医学基于"自然治愈力量",卫生保健基于对生理学的了解,即人体的自然功能一样,在这些发现的基础之上继续前进。

帮助人生,这就是第一项最基本的原则。

那么,如果不是儿童提供了发现的条件,谁又能为我们揭示人类个体心理意识的自然发展之路呢? 因此,我们的第一个老师是儿童本身,或者更准确地说,是带有宇宙法则的生命冲动在无意识地引导着儿童,它不是我们所说的"孩子的意志",而是驱使儿童成长的神秘的愿望。

我可以断言,得到对儿童的发现并不困难。真正的困难在于成人对儿童陈旧的偏见、盲目的不理解和眼前的帷幕,武断式的教育、说教以及成人无意识的自私自利和主宰者的趾高气扬编织起的帐幕,掩盖了聪慧天性的本质。

我们的工作尽管微不足道,还不全面,而且在心理学科研领域无足轻重,但它将指明偏见形成的巨大障碍,这些偏见甚至有可能抹杀和破坏我们通过独自实践为之所做的贡献。

如果我们能够证实存在这些偏见,我们就已经在整体上做出了重要的贡献。

第一章　发现儿童的自然秩序及其障碍

发现与障碍

让我们记住我们是怎样开始研究的。大约 40 年前,我们在一群 4

岁孩子身上发现了难以想象和令人惊奇的现象，这种现象当时被称为"探索写字"。有几个孩子自觉地开始学习写字，之后便很快在很多孩子中传开。那真是一次活跃和激情的探索，小孩子们成群结队拿着字母高兴地欢叫。他们不知疲倦地写字，地板上和墙壁上到处是他们的字迹，孩子们的进步惊人和神奇。之后，他们马上又开始学读不同的字体，斜体、印刷体、大写和小写，甚至特殊的艺术字体和哥特字体。

我们当时分析了这个最初的发现。它显然是一种心理逻辑的发现，足以引起世界的关注。它是一个奇迹。

然而，外界有怎样的反应呢？尤其是当时的科学家？

小孩神奇般地学习写字并没有被看作是一种心理行为，而是被归纳为"教育法"的结果。

写字与天性不能相提并论。一般情况下，写字是在学校里通过耐心和耗费精力培养的结果，对于未受过教育的人来说，它是一种对吃力乏味、忍受责罚和备受折磨的回忆，而能够在幼年获得如此出众的成果应该是一种绝佳的方法。这种教育方法引起了人们的兴趣，它证明我们最终找到了能够在包括最文明化的民众中快速消除文盲的手段。

当美国大学的几位教授亲自来考察这种教育法时，我只能给他们提供那些可以摆弄和以挪动形式出现的一个个分开的大字母。

有些教授不胜恼怒，以为我在戏弄他们，不尊重他们的地位，甚至还说所有这一切都不是严谨的东西，所谓奇迹实际上是欺骗。他们后来还知道，我并没有采用通用的书籍，只是使用随处可以买到的"物品"，于是他们开始忌惮其中混杂了某些商业的东西。就是这样一种自尊使大人忽视了孩子的表现，即使它关系到某种未知的心理秩序。这就是障碍，一道在悟性感知与高知群体之间难以逾越的屏障，对于掌握高等知识的人来说，他们本可以破解这种表现并加以利用。

让我们再来看看其他形式的偏见。

幼小的孩子孜孜不倦地学习写字，对成千上万的人来说是一个不争的事实，很多人相信，单独分开的字母只是简单地摆在那里，老师并没有费力地教授，孩子们显然是自己取得的进步。因此，有人觉得，所有的秘密不过是想到把字母变成分开的活字。多么简单和天才的发明啊！很多人难过地说：我们怎么没有想到？但是，也有人说，这根本就不是什么发明，古代时昆体良[7]早已在使用这类活动的字母。如果我想以天才的发明家自居，假面具就会被揭开。

然而，这里值得注意的是人们普遍存在的心理惰性，可以说，他们只停留在外界事物上，没有超越并思考儿童身上存在的某一个未曾看到的心理实事。因此，有文化和没文化的人都普遍有一道心理障碍。

其实很容易想到：如果历史还记着昆体良的活字，那就一定还记着活字引起的反应。人们有没有欢欣鼓舞，兴高采烈地举着旗帜和字母在罗马街头游行庆祝呢？人们有没有像着了魔一样自己开始学习，在罗马大街上和自家的墙壁上到处写字呢？他们有没有自己开始拼读罗马字母和希腊字母呢？

历史肯定会记录这些重要的事件，但事实与此相反。历史只记住了那些活字。因此，并不是活字有魔力，魔法并不在字母里，而是在儿童的心里。那种"不相信神奇"的偏见，自恃尊严和文化优越而羞于承认的现象是普遍的，因而成为掩盖"新生事物"和拒绝发现的障碍之一。

如果真是一个发现，它必定包含着某些新鲜的东西。新鲜的东西是为勇敢者通过打开的一扇大门，一扇进入探索未知领域的大门。因此，它是一扇美妙神奇的大门，应该让人充满了想象，而且正是那些饱读知识的人应该顺理成章地成为未知领域的探索者。然而，对于严肃认真的人来说，一道心理和感情的障碍却使他们丧失了本性"童真"的好奇，很难找到例外的情况。《福音书》著名的婚筵比喻[8]象征性地说了外在的借口，因此我们需要以某种"坦率"和"朴素"的态度进入新的王国。

有一件事或许可以说明艾伯费尔德之马[9]"奇迹"的事实。艾伯费尔德之马能够通过看读字母进行表达和算术。公众蜂拥而至，包括普通人和科学家。但是，柏林心理实验室冯斯特博士[10]却给出了他自己的看法：对马的实验是训练的结果，与推测马的聪明无关。人们所有的兴趣就此烟消云散，之前关注过的科学家漠然离去，对自己爱马有所发现的老迈的冯·奥斯登[11]也在备受指责中离世。但是，在冯·奥斯登去世后，有一位年轻人克瑞尔在冯·奥斯登的马和其他马身上重复了实验，在马的"心理奇迹"方面有了更多进展，尤其是在算术领域。于是，科学家鼓起了勇气，尽管还无法很好地解释这种现象，但很多科学家却给予了认可，承认它是心理学的范畴。他们之中有斯图加特的克雷默和齐格勒、马斯德研究院的贝雷德卡教授、日内瓦大学的克拉帕雷德博士、布鲁塞尔的弗罗伊登贝尔格和其他很多学者。

需要注意的是，这里讲的是马。在对待儿童上，却积累着太多的偏见和太多现实的考虑。我首先要说的是人们总想要避免孩子进行"心理努力"和"过早的脑力劳动"。孩子内心都是空虚的，只适合游戏、睡眠和用童话故事消磨时光，让如此稚嫩的孩子进行严肃的脑力劳动是一种亵渎，就连维也纳著名心理学家的夫人，同时也是实验心理学权威的布勒夫人[12]，在其著作中也坚持这样的看法。布勒夫人的结论是，儿童在5岁之前的心智绝对不适合任何形式的文化教育。这实际上是以科学的名义对我们的实验盖棺定论。

我们的实验只被看作是一种"教育方法"，而且还是不确定的，还值得商榷。那时，批评之声四起，人们首先认为不应该"浪费小孩子的心理生活，去获得无用的结果"，因为在稍大一点后，即在6岁之后，孩子们都会学习读书写字，知道用功和努力，应该让他们在幼小的童年时期避免吃力的学习！心理学著名权威克拉帕雷德[13]代表"新教育联盟"阐述了在学校学习给学生造成的痛苦！克拉帕雷德的看法大致是："学习对于我们的文明来说的确是必要的，但是如果学习对孩子造成伤害的话，就必须尽可能减少这种伤害！"因此，新学校尝试减少并从教学计划中逐步剔除了很多被认为不必要的学习课程，如几何、语法和很多数学内容，而用游戏和户外活动取代。

在官方上，教育与我们的工作也是分开的。最初在我们这里学习的老师绝大部分都在福禄贝尔幼儿园从事教育工作,福禄贝尔式的游戏与我们为儿童智力发育采用的科学教具混合在一起使用,得到的结论是两者都有很好的一面,但是在幼儿学校里仍不能引入字母、书写和数学。

接着,小学老师尝试用字母进行实验,但却没有激起任何热情和"探索"。只是在普通学校里出现了更为自由的学习方式,给孩子个人一些客观的事情去做。

"奇迹"被人们正式遗忘了,它没能引起现代心理学的关注。这一工作留给了我,让我从这个实验的发现中探究儿童心理学的秘密,因为没有人比我更能够从教育的影响中"分离"出可以诱发秘密的现实。对我来说,它显然是在那个年龄阶段孩子身上突出表现且存在的"某种力量"。

即使我们的经验仅局限在第一组孩子身上,但事实上代表着我们发现了迄今暗藏在儿童心理中的力量。

伽伐尼[14]看到绑在铁窗上蜕了皮的死青蛙的颤动难道不是奇迹,或者令人奇怪的事情吗? 如果他认为那不过是一个"复活的奇迹"或是他一时的错觉,他就不会以他的智慧坚持探查问题的究竟。如果死青蛙能够颤动,就说明应该有一种"力量"在让它颤动,伽伐尼因此发现了生物电。

此后,生物电的发展和应用远远超过了发现本身的现象。

如果有人还想原样重复伽伐尼的实验并证实它,就不会得到"奇迹"，而且会认为他的证实不过是幻象，不值得纳入科学范畴。

早期的发现

我们并不是从我们学校的孩子身上，而是在更小的小孩身上最先发现了普遍暗藏的心理力量。早期类似的发现是在年龄稍大的孩子，也就是 7 岁以上的孩子身上。教育史讲述了裴斯泰洛齐在施坦茨主办的学校里的"奇迹"，学校里孩子突然间就进入了一种意想不到的进取状态。孩子所做的事情超出了他们的年龄范围，有些孩子在数学上的进步导致家长因为害怕他们的子女心理疲劳而让孩子退学。裴斯泰洛齐在描述孩子不知疲惫的自发学习和取得的惊人进步时坦承，他是神奇现象的"局外人"，并且意味深长地说："我只是一个感到吃惊的观众。"

之后，热情的火苗熄灭了，在裴斯泰洛齐善良和热忱的关怀下，一切又回归正常。有意思的是，裴斯泰洛齐的崇拜者，尤其是为他骄傲的瑞士人是怎么想的。他们所有人都认为施坦茨现象的出现是他们的英雄当时处在一段狂热的时期，他们很高兴地看到裴斯泰洛齐又重新回到"严肃的工作"之中。

教育就这样获得了胜利，同时埋葬了对心理秩序的发现。

托尔斯泰也描写了在农民孩子身上一些类似的情况，他曾经在亚斯纳亚-博利尔纳满怀激情和热爱给孩子教书，那群孩子突然间就开始喜欢阅读《圣经》，而且很早就来到学校，自己不知疲倦地阅读，表现出之前从未有过的兴奋。托尔斯泰在这里也看到了"回归正常"。

在孩子的生活中，还有多少我们不曾知道的类似情况发生，我们却没有注意到，也没有在教育史里记录下来！

儿童的思维形式

可以说，有一种内心的力量自己要表现出来，但却被埋藏在普遍偏见的蔽障之下。有一种儿童的"心理形式"从未得到承认。

事实上，这种"心理形式"不仅仅表现在圣罗伦佐儿童之家的孩子们迸发出学习写字的现象上。

这种现象还发生在给孩子听写很长词语的时候，他们只听一次就能够用活动的字母拼写出发音。读过我写的书的人都知道这种现象，例如，我们听写"达姆施塔特"、"新帕扎尔桑扎克"、"急剧而下"，等等。[15]

那些复杂的词汇固定在孩子的脑海里，像雕刻在头脑里一样被明确记忆又是怎么回事呢？最令人不可思议的是孩子们的平静和简单，好像不费吹灰之力。值得注意的是，他们并没有写字，而是要在不同的字母格里找到每个字母。找到字母的位置并不容易，而且还要找到字母，然后把字母放在已经摆好的字母旁边并完成整个单词，这对我们任何人来说都是需要集中精力的事情。

事实让从事公共教育的技术专家尤为惊讶，因为他们知道在小学校里听写单词很难，知道老师在孩子书写时要重复多次，即使孩子已经8岁，甚至更大的年龄。原因是孩子随写随忘，因此，在听写初期，都是一些较短的和熟悉的词汇。

让我们再回忆一下督学迪多纳托那个有名的故事。他来视察我们的学校,表情严肃,好像一位时刻准备揭开骗局的不速之客。他不想听写又长又难的单词,谨防其中有什么名堂。他只想给一个 4 岁的孩子听写他的名字:迪多纳托[16]。孩子显然没有听清楚发音,以为是迪托纳托,于是第三个字母放的是"t"。督学依照他自己的教学法马上纠正,又一次更清晰地重复他的名字:迪多纳托。孩子并没有糊涂,显然对孩子来说,不是要改正错误,只是没有听清楚而已。他拿起字母"t",并没有放回字母格里,而是将它放在小桌边。他继续安静地拼组名字,最后完成时又拿回了放在一边的字母"t"。显然,名字已经印刻在他的头脑里,打断组词对他没有任何影响。他从一开始就知道名字里需要一个"t"。这让督学印象非常深刻,他说:

> 错误是对真理最有说服力的证明。我得承认,过去我不相信这个让人惊讶的事实,现在我相信了。我得说,的确令人难以置信,但却是真的!

之后,他没想去表扬那个他之前想要纠正的孩子,而是转过来对我说:"祝贺您! 这的确是一个不同寻常的方法,需要在学校里推行。"你们看,对于一个从事教育的技术专家来说,它也只不过是一种较好或较差的"方法"而已,与心理学意义上的事实毫不相干,偏见造成的障碍使教

育者无法理解这种现象。离开时,他还在一直若有所思,并且说到:

用一般的方法,就是 9 岁的孩子也不可能做到。

他在恭维我。

然而,这件事却说明了一个有关记忆的事实。思想可能有一种记忆的形式,与较大孩子的记忆形式不同,是难以理解的。幼小孩子的记忆力应该比 5 岁以上较大孩子的记忆更加脆弱!

但是,幼小孩子的记忆里有什么呢?显然,在他们的头脑里印刻的词汇包含了所组成发音的细节和秩序。被印刻的词汇完整地留在大脑里,没有任何东西可以抹去它。他们的记忆有着不同的质量,词汇在他们的大脑里创造了某种景象,孩子在明确地重现这种清晰和固定的景象。

记　忆

有可能会存在与我们有意识和开发后的大脑不同的记忆吗?

现代心理学家在研究无意识的记忆形式时,给它起了另一个名字:记忆[17]。记忆能够通过代代相传固定下来,精致地复制物种的特征,它在无限的层次中沉淀了生命和永恒的本质。基于这种认知,我们从 4 岁孩子的思维上就能够观察到在记忆准备进入有意识记忆前的心理发展阶段。在这个阶段,记忆与有意识记忆几乎是混淆的,并且像某种根本现象的残留痕迹一样表现出来。

记忆的残留痕迹来自遥远的地方,并且与语言的创造力密不可分。母语已经在无意识中形成,与有意识思维语言的进程不同。它是固定在个体中的,就像种族的特征,而且与借助有意识记忆掌握的外语,即始终不完善且只能通过持续练习保持下来的语言不同。

很明显,在孩子的大脑里,活动的字母代表固定发音的对象并将语言以有形的形式分离出来。孩子对写字的兴趣来自内心,此时创造的感觉仍然朝气蓬勃,就像人掌握口语的本性使然,正是这种感觉唤起了孩子对字母的热情。

意大利语字母只有 21 个发音,所有单词都由这 21 个字母组成,并且构成厚厚词典无法穷尽的词汇。因此,这些字母足以代表孩子在发育成长过程中积累的词汇,足以让他们积累的语言突然间爆发出来,孩子也因此兴奋地生活在这个奇迹之中。

纪　律

让我们来分析一下另一种偏见,这种偏见对理解我们的工作构成了巨大障碍。

我们还记得有关“纪律”的问题吧,也就是在让小孩子自己选择做事的时候,他们不受干扰,而且表现出有条理和安静的奇特现象。

即使老师不在的情况下,他们也能够保持井然有序。那种体现社会和谐的集体表现和他们不嫉妒不争斗,而是互帮互助的个性特征令人赞叹。他们“喜欢安静”,并且求得安静,认为那才是真正的享受。服从由此发展成为自我完善的更高水平,最终达到"愉快的服从"。我想说,它是迫切的服从,就像主人将东西扔向远处,让狗去捡的时候狗的顺从一样。

要获得这种奇特的现象,不需要老师做什么事情。也就是说,它并不是教育的直接结果,因为其中没有教导、劝诫、奖励、惩罚,所有这一切都是自发形成的。

这种非同寻常的情况一定有某种内因并受到某种影响。我只能告诉向我们寻求答案的人说"是因为自由",这如同我在突发写字问题上的回答"是因为活动的字母"一样。

我还记得有一位国务部长,他并不太关注自发性的问题,而是对我说:

> 您解决了一个大问题,您成功地将纪律和自由融为一体。它不仅是管理学校的问题,也是治理国家的问题。

显然,在这种情况下,他也误以为我有能力取得这些成果,是我解决了问题。在人们的思维里,就是不能理解和接受另一种想法,即"儿童的天性能够提供解决我们不能够解决问题的方法,他们能够融合在我们看来是冲突的东西。"

因此,正确的说法应该是:"让我们来研究这些现象吧!让我们一起努力深入探索人类心理的秘密!"但是,从儿童心灵深处挖掘对我们所有人都有益的新事物,找到能够照亮人类行为暗藏原因的炽盛之光,这一点人们还无法理解。

有意思的是来自各方的意见和批评,其中既有哲学家和教育家,也有普通的人。

有些普通人认为我没有意识到什么,并且说:"你们不知道你们到底做了什么吗!你们没有注意到你们取得的成就吗!"有些人则认为我做的事是天方夜谭或者在痴人说梦:"你们怎么对人类的本性那么乐观?"真正的对抗来自哲学界和宗教界,而且一直没有停止,他们把千百人证实的现象看作是我的一家之言。对于某些人来说,我是卢梭的信徒,同意卢梭的看法,相信"人性本善,但是一旦接触社会就变坏了",就像卢梭在他的一本书里写的那样,我在学校里编了一个虚构的故事。

总之,由于在与我讨论之后没有得出任何明确的说法或令人信服的看法,一位知名人士在一份非常有影响力的报纸上写道:"蒙台梭利是一位可怜的哲学家!"

在宗教界人士看来,我几乎是反对宗教信仰的,很多人围着我,向我解释什么是"原罪"。你们可以想象笃信人性本恶的加尔文教派人士或那些新教教徒,他们是怎么样的。

不仅有关人性的哲学原理,就连学校教育法的原则也备受指责。我们的教育法被说成是先验式的,"废除"了奖励和惩罚,企图不借助这些实用的方法就达到遵守纪律的目的。我们的教育法被评判为一种

"荒谬"的教育法，与普遍的实践经验背道而驰，而且还是对上帝奖励好人和惩罚恶人的说法的亵渎，这一点成为最有力的道义支撑。

有一群英国老师曾经公开抗议，并且声明，如果取消惩罚，他们就辞职，因为没有惩罚，就不可能进行教育。

惩罚！我没有意识到，惩罚居然是一种支配儿童全部生活必不可少的制度，所有人都在这种耻辱中发育成长起来。

关于惩罚，日内瓦的国际联盟做了一次调查，让-雅克·卢梭学院也以"新教育联盟"的名义做了调查，调查问及教育机构和家庭采用什么样的惩罚手段教育孩子。有意思的是，所有人不仅没有对这种鲁莽的调查感到气愤，反而迫不及待地提供他们的信息，有些教育机构好像对他们的惩罚方式还深感自豪。例如，有些人说，禁止立刻惩罚，避免惩罚出于愤怒的状态，但是要记录下来，到了周末、周六休息日，要毫不留情地实施整个一周里应给予的惩罚。有些家庭说："我们不粗暴，当孩子不听话时，我们让他不吃晚饭就上床睡觉。"

但是，毫无疑问，人们更热衷于粗暴的惩罚：扇耳光、辱骂、棒打、监禁、用可怕的想象吓唬孩子。国际联盟收到的清单在我们这个世纪仍然是所罗门智慧篇的延续：谁不对儿子使用棍棒就不是好父亲，就是宣判自己的儿子下地狱。

习惯来自过去，我可以在伦敦买到老师仍在使用的成捆的鞭子。

教育需要使用这些"必不可少的手段"说明儿童过去和现在的生活不民主，人的尊严得不到尊重。自古以来，在成人的头脑里，更在成人的心里竖起了一道障碍，人们从来没有从理智和道德的层面看待儿童内心的力量。

在我的实验中，发现这种未知的内心力量让我们消除了惩罚。但是，突然出现的一切，骤然间的发现却没有人能理解，而且沦为丑闻。

让我举一个形象的例子：当人用食指指一个东西让狗去拿的时候，狗只盯着食指，而不看指的东西。或许对狗更容易的是咬住食指，而不是理解去指的方向拿东西。偏见的阻碍以同样的方式行事，人们看到的是我伸出的食指，然后咬住它。

他们无法简单地接受显而易见的事实，认为肯定是某一个人制造或想象出来的。

这就是我们所说的人们心里的盲点，尽管他们有能力理解。它相当于视网膜，作为能够看到一切事物的器官，上面也有盲点。对待儿童的道德观跌入了心里的"盲点"，倒在了一道冰障前面。

关于儿童，我们说过，它是人类历史的"空白"，是未曾书写的篇章。

在人类历史无数厚重的书籍中从来没有出现过儿童，在政治、社会建设、战争或战后重建上从来没有重视过儿童。成年人讨论时好像只有他们存在，儿童只属于私人生活的一部分，是成年人需要为他们尽义务和付出牺牲的物品，因此儿童在打扰他们时应该得到惩罚。在幻想未来世界的人间天堂时，他们只看到亚当和夏娃，还有蛇，人间天堂里没有儿童。

今天，在我们的社会理念中，还没有想到儿童能够给我们帮助、光明、教导、新的愿景，并解决困扰已久的问题。心理学家也没有在儿童身上看到可以深入潜意识的大门，他们仅仅试图通过成年人的病痛发现和破解潜意识。

秩序与善良

现在，回到道德障碍的问题上，我们可以简单地看到儿童自发的纪律性和社会表现超乎寻常地周全、自信和完美。

当我们仰望闪烁苍穹的繁星，看着它们忠实地沿着轨道绕行，神奇般悬在天宇，我们不会想："噢，星星多好啊!"我们只会说："星星遵循宇宙的法则。"我们会说："宇宙万物的秩序太神奇了!"

我们的孩子的表现明显也有自然秩序的形式。

秩序并不意味必须善良。秩序不证明人"生性本善"或"生性本恶"，它只说明在构建人的过程中，人的本性遵循既定的秩序。秩序不是善良，但或许是达到善良的必由之路。

我们周围的社会组织也需要有秩序作为基础。规定公民行为的社会法律、警察检查公民是构建整体社会的必然;政府也有坏的、不公正和残酷的。即便是最恶劣和最不人道的战争，也必须建立在士兵严守纪律和服从的基础之上;政府的仁慈和制定的法纪是不同的东西。同样，不论是否有好的还是不好的教育形式，学生如果在学校不守纪律，教育就无法开展下去。

在我们的学校的孩子里，秩序来自内心神秘和暗藏的指引，指引通过给予孩子自由的方式表现出来,自由让他们听从指引。在为满足孩子成长需要准备的环境里,要给予孩子自由,就不能有人阻碍他们自发的活动。

在达到成为"好人"之前,我们首先需要进入"自然法则的秩序"之中。然后,在这个层面之上,我们才有可能提升自己并上升到"超自然",这其中需要有觉悟的配合。

至于恶和"坏",我们也需要降到较低的道德层面上区分什么是"无秩序"。对于引导儿童正常成长的自然法则来说,"无秩序"不一定就是"坏"。事实上,英语对孩子的坏和成人的坏使用不同的词语进行描述,称前者为 naughtiness,称后者为 evil 或 badness。[18]

现在,我们可以肯定地说,儿童的淘气不听话相对于在建心理生活的自然法则来说是一种"无秩序",它不是坏,但会影响未来个人正常的心理行为。

健康与偏离

如果我们不用"正常"一词,而是说"健康",即儿童在成长过程中的心理健康,那么事情就开始变得更加清楚了,因为它会让我们想到与身体功能相同的东西。我们说当所有器官都正常工作时,人的身体是健康的,这一点对所有的人都是共通的,不论是强壮的还是体弱的,不同身体条件的人都是如此。但是,如果某一个器官工作不正常,这就是"功能性疾病",它不是器官受损的器质性疾病,只是功能不正常。这些功能性疾病可以通过保健、理疗和类似的方法进行治疗。让我们将同样的观念应用于心理领域。有些心理功能可能受到损坏，它不取决于人种的个性特征或个人条件，也不取决于人生注定伟大或渺小的自我。天才和最普遍的人都应该有"正常"建立的功能，在心理上都应该是健康的。

通常，孩子如果表现得反复无常、懒惰、无法无天、暴躁、固执、不听话，等等，他们都是得了"功能性疾病"，可以通过心理保健的方式治愈，也就是"正常化"。他们也会像那些一开始就有纪律性并给我们许多惊喜的孩子一样。正常化后，孩子不是"因为老师的教育和批评变得听话"，而是找到了自然法则的指引，也就是回归到了正常的功能。因此，就像"身体哲学"一样，他们能够向我们展现那种"心理哲学"存在于灵魂器官复杂迷宫中的外在表现。

人们通常所称的"蒙台梭利教育法"就是围绕着这一个关键点。

我们可以肯定地说，通过 40 年的经验总结，通过在世界各民族和各国家中不断得到证实，自发的纪律性是所有诸如迸发写字和之后许多其他进步等惊人成果的首要基础。首先要获得"正常功能""健康"的状态并确立这种健康的状态，我们称为"正常化"。

儿童首先需要"正常化"，然后才有进步。一个生病的人凭借他天生的禀赋也不可能工作，他需要首先得到治愈才行。

心理学家想要做的正是让行动有问题的成年人"正常化"，从而实现他们的社会目标。在医院里，为问题儿童所做的也是要使儿童的功能调整到正常状态。

我们假设,有一种教育法认可儿童从一开始就需要"正常化",并且需要持续保持这种正常化的状态,那么,这种教育法势必以"心理卫生"作为基础,帮助人们在良好的心理健康条件下成长。

这种教育法既不涉及人性本善或人性本恶的哲学理论,也不关乎"正常人"是什么人的抽象概念,而是一种可以放之四海而皆准的实用的方法。

成长的基础

事实非常清楚。在构建个体的成长阶段,潜意识冲动推动实现成长。潜意识冲动能够给儿童带来最大的快乐,并推动他们尽最大努力获得快乐。可以说,孩提时代是"内心生活"的年龄阶段,它引导儿童成长和自我完善,外界只需要提供必要的手段使其达到自然既定的目标。因此,儿童希望得到的只是适合他们需要的东西,他们只使用需要的东西帮助他们达到目的。

所以,孩子不妒忌比他大的孩子,同样在特定时期也不想要对他们没用的东西。

于是,我们看到了孩子平和快乐的样子,他们在适宜的环境中选取东西和做事情。

年龄稍大一些的孩子不会想着与小孩子争斗,相反,他们显出欣赏和喜爱的表情。大孩子在小孩子身上看到了他们自己必将取得胜利的景象,因为孩子只要不死就将成长。大孩子不会因为年龄大一些而生妒忌之心。

因此,被称为"坏"的情感不会表现出来。幼小孩子的淘气不听话是在决定他们未来和无时无刻不在进步的时期,他们不能"发挥功能"时自我保护或无意识绝望的表现,抑或是心理饥饿,无法感知环境刺激,或因无法行动而消极对待产生的一种焦虑。于是,"无意识目的"逃避它的自我实现,在儿童生活中造成某种极度痛苦的状态,使儿童脱离引导之源和创造的活力。

只有在稍大一些之后,当"塑造人的雏形"时期结束,少年阶段已经或多或少成功规划了生活蓝图,他们才开始对外界事物抱有兴趣,对其他人的成功产生妒忌。这种情况是不同的,此时可以开始判别"善"与"恶",也就是鉴别人在社会层面上心理秩序的缺点,从而通过教育对症下药。

拓展式教育

在这个阶段,一般人们认为缺点需要立即纠正和制止的观念也是错的。应该通过"拓展",即通过给予空间和手段拓展人格的方式纠正,唤起比他人更大的兴趣,即使我们周围存在的兴趣变得越来越少。只有穷人为一块面包争执,富人关心的是世界能为他们提供什么。嫉妒和争斗是"狭隘心理发展"和短见薄识的表现。

心里怀抱"天堂"愿景的人不会盯着地上的一切,他们很容易放弃有限的财富。

同样,我们可以说,教育"拓展"并使人超越了即时和有限的兴趣。意在攫取东西的局限性引起人们相互嫉妒和争斗,而广阔的空间却给人另外的感觉,那是热忱引领人们真正走向进步的感觉。

因此,以"宽广"教育作为平台能够消除一定的心理缺陷。"拓宽世界",避免孩子像现在一样心神焦虑,应该成为教育的第一步。"从阻碍前进的禁锢中解放儿童"是最根本的方法。"增多兴趣的理由,满足埋在心灵之中最深刻的本性要求,鼓励儿童征服无限,不压制他们获得旁人所得的愿望。"正是在这个开放和存在各种可能的层面上,我们才能够和应该教授尊重外界的法则,即人类社会自然力量确立的法则。

最后,有关道德,也就是善良的问题,只有在"幼小孩子"的形式结束之后才能够进行讨论,只有那时才可能涉及哲学问题的范畴。但是,哲学问题又是一个宏大的议题,有关"投入上帝的怀抱"、崇高的世界观和个人的命运。事实上,那些想与"原罪"斗争的人正在把人们引向救赎的伟岸。

第二章　科学和教育对儿童的偏见

获取文化知识

在我们的学校里,我们的教育经验不断进步,在实践中表现出"拓展"文化和"扩大知识"的自然发展趋势,它看上去是一个非常自然的进程。教学的问题被颠覆,老师的实际问题似乎不是在既定的范围内传授知识,而是要像驯服活跃的马驹一样"控制"和"疏导"学生学习的热情,也就是节制和引导他们,而不是用鞭子驱赶他们前进。

我们传授文化知识的"方式"也是不同的。普通学校的教学方法通常是在分类假定问题的情况下,采用缓慢渐进的方式进行。相反,我们的孩子在为他们准备好的环境中自由行动,他们表现出了独特的学习方法,对此我们不能心存质疑。

只有当孩子可以依照他们自然的心理过程发挥自身能量的时候,他们才真正地学习。这种心理过程有时往往与人们普遍假想的情况截然不同,所以在面对普通学校使用的方法时会失败或者被隐藏起来。只有老师采用"间接干预"的科学方法,帮助孩子自然地发展,学生才能够获得令人惊叹的成果。

在我们的学校里,孩子所表现的较早和多方面的文化进步基于一个有关儿童心理学的原则,即孩子能够通过自己的活动进行学习,从"环境"而不是老师那里获得文化知识。不仅如此,正如我们明确看到的一样,他们还发挥了潜意识的力量,按照吸收性心智的自然过程自由地汲取和表达。我们在这方面得到了很多赞赏,但也存在不少由于误解和缺乏理解而产生的反对意见。

有人会说,老师也属于环境的一部分,老师实际上在干预和协助这个自然的过程。然而,事实并不像人们认为的那样,孩子不可能只在老师的教授下学习,哪怕是最优秀和最完美的老师。在学习过程中,孩子遵循着心理形成的内在法则,孩子与环境直接进行交流,而老师主要是用他提供的兴趣和传授构建了一座桥梁。

当我们有意深入了解这种现象，并且获得的经验越来越多时，有关孩子学习的实际情况就变得越来越清晰。我们可以明确地看到，在适宜的环境下，很多孩子喜欢上了数学和大数字，不仅是复杂的算术，还有更高水平的计算，例如，学习乘方、开平方和开立方，特别是几何题。

另外，我们还看到了他们同时学习多门外语、语法和修辞的能力。例如，印度有一个 8 岁的小孩子，尽管他的母语是印度方言古吉拉特语，但他对阅读梵语（古语）诗歌非常感兴趣，而且还将吠陀时期的神话故事从印度斯坦语翻译成了英语。因此，他的文化知识通过鲜活和古老的语言以及外语得到了拓展。

除此之外，他们的兴趣还包括自然科学，而且很高兴学习动植物复杂的分类，能够神奇般记住它们的名字。动植物的分类有时并不确定，而且耗费脑力，官方科学由此认为，至少应该在学校里取消这方面的教学，它是无用功。

孩子对动植物分类的兴趣来自活动图片组成的教具，很明显，孩子喜欢通过形象构建心理秩序，让一切变得条理分明。它肯定不是记忆训练，而是构建，就像小孩子玩湿沙子一样。很多可能转瞬即逝的概念和名字被抓住并在大脑里精彩构建，这就好像数学内容按照十进制排序和构建，算术是数位顺序的结果。同样，围绕时间和地理的历史事件在人们头脑中构建起与时间和空间关联的文化知识体系。

自然的创造力也采取同样的方式发展。在儿童构建语言（母语）的过程中,语言首先建筑在词语发音和语法,也就是建筑在他们表达思想所用词语顺序的基础之上。这是最基本的建设,在两岁后完成,这时的词汇量还相对较少。之后,语言通过获取新的词汇自发得到丰富,孩子按照已确立的秩序掌握所有词语。

根据我们的经验,我们对9岁孩子采用的教育方法可以用在更大年龄的儿童身上。可以明确的是,在所有水平的文化学校里和在所有处于成长阶段的儿童之中,不能阻碍儿童个人的活力,只有这样,他们的活力才能服从"心理发展的自然过程"。的确,随着文化水平的逐步提高,老师或教授的职责越来越重要,但他们的职责在于"激发兴趣",而不是人们普遍认为的传授知识,因为儿童在对某个问题感兴趣的时候,会长时间投入学习或者尝试,直到获得"成熟"的经验。此后,他们不仅确实有所获得,而且还要将它拓展得更广更宽。于是,可怜的教授不得不超出他准备的教学范围,因此他的困难不在于怎么样"让孩子学习",而是要知道怎么样回答学生突如其来的问题和教授他还没想要教的东西。这就是说,教育往往在以它自己的力量拓展。很多时候,在长时间休息,暂停学习,甚至假期过后,学生不仅还记着学到的东西,他们的文化知识像有如神助,变得更加丰富。假期之后,他们知道得更多。他们唤醒了从周围环境汲取知识的力量。

有时,自发的活力体现在自愿投入紧张和复杂内容学习的过程中,孩子可以连续几个小时或几天集中精力地学习。

我记得有一个小孩子想画一条雷诺河及其所有支流,他抛开课本在地图上找了很长时间。他在绘画时选用了工程师画图时使用的格线纸,还有圆规和其他工具。他最终通过努力和极大的耐心取得了成功。当然,没有人要求他这样做。

有一次,我看到一个小男孩想做一道很大的 30 位数乘以 25 位数的乘法题,积数越来越多,让男孩感到惊讶。他不得不让两个同学帮他找来更多的纸粘在一起,以便装下异常庞大的算式。连续两天之后,乘法算式还没有完成。第三天完成后,孩子们并没有显出厌倦的神情。相反,他们觉得骄傲,并对他们能够完成艰巨的工作感到心满意足。

我还记得有四五个孩子想一起做一道全为字母的代数式乘法:开字母的平方。这次算的数学题也要不断地粘纸条,所有纸条粘起来长达十米左右。

这些耐心工作的效果就像体操训练一样,使儿童的心理更加强大,头脑更加敏捷。

有一次,一个孩子掌握了无需书写就可以进行复杂分数计算的能力,也就是在大脑里有数字的形象和演算的步骤。当孩子在安静心算的时候,老师没有别的办法,只能在纸上边写边算。孩子在计算之后给出了答案。老师(负责几所英国学校的负责人,来参观我们在荷兰的学校)发现孩子计算的结果是错的,但孩子并没有感到不安,而是想了一下,然后说:"是的,我看到我哪里做错了。"然后,他很快给出了正确的答案。这种能够在大脑里改正之前足够复杂计算的情况比计算本身更令人惊叹。很明显,孩子的大脑具有记住所有演算过程的特质。

还有一次，一个孩子在学会了用我们教材教授的方法开平方后，非常想自己进行演算。他用自己发明的方法做开平方的计算，但却不知道如何解释。

这样的事例不胜枚举。其中一个非常特别的例子是，一个孩子耐心地对一本小册子做了语法分析。他连续几天没有做其他的事情，直到把它写完。

这些练习虽然没有任何用途，也不实用，但它的心理表现说明了一种儿童成长的机制。我们不可能像体操训练一样强制它，因为它不可能人为地使人保持强烈的和不间断的兴趣，人不可能保持对缺乏吸引力和无目的事情的关注。它的确需要自发和巨大的努力，不可能无中生有。尽管看似很多孩子在各种事情上"浪费时间"，但是他们在所有文化知识领域都取得了极大的进步，包括在音乐方面。在印度的一所学校，有一位专门教音乐和舞蹈的老师，老师不在的时候，有一群孩子经常跑到音乐教室里即兴地跳舞，舞蹈是老师没有教过的，而且与印度舞蹈律动的舞姿有很大不同；有些孩子敲着打击乐器，为他们发明的合唱伴奏。他们表现出的强烈兴趣不仅仅是出于喜欢。在学校里时常可以听到这种出人预料的音乐声。

我们在这里看到的现象与当前有关"学校"心理学的教育有很大不同，后者只关系到"意愿"和"努力"，认为它是来自智力思考或外界强制的结果。与之相反，在这里，它与思考或有益和实际的应用毫不相干，而是一种"生命冲动"在介入其中，有一种突如其来和毋庸置疑的表现喷涌出来。总而言之,真实获取文化知识的"进步"显然得益于这种内在力量的帮助,而非来自有意和强制的努力。取得的结果与离奇的耐心练习和坚持不懈的工作没有直接关系,相反,它更像是属于"内在"的机制,机制行动起来,推动整个人性个体的发展。

事实上,最间接的结果之一是"个性"的形成。孩子不仅在获取文化知识上取得了不同寻常的进步,而且对自己的认识变得更加清楚,更能够把握自己的行动,在行为过程中更加自信,不固执倔强,不因为腼腆或害怕而犹豫,时刻准备好适应他人及任何环境。快乐生活和遵守纪律更像是内心活动的结果,而不是外界环境造成的。因此,他们时刻准备好征服环境。他们越是能够做到心理平衡,明辨方向和正视自己,他们在个性上就显得越是沉着和平和,也因此更容易与他人相处。

我们的经验表明,我们在这方面也遇到了极大的偏见。过去,尽管所有人都抱怨文化知识的缺失,强调在我们这个时代的社会生活中文化知识必不可少,但他们却习惯于借保护儿童之名,反对在我们的学校里开展文化教育。心理的惰性几乎把我们对孩子的发现视为教育学,甚至心理学上的异端邪说,坚决反对使用我们的教材帮助儿童成长。他们反对在普通学校里给儿童造成心理负担,指责我们过度开发儿童的智力,也有人谴责我们所谓的"智力至上",但我们完全是无辜的。我们在前面所选的几个对事实的描述可以证明,我们同样也很惊讶,但它却引起了其他人的怀疑。有谁能够激发儿童这些能力表现出来呢? 肯定不是我们。是儿童自身向我们展示了他们的能力,我们只是在我们学校自由的氛围中尊重他们，只是为他们提供所需的帮助。另外，我们尝试了要弄明白这些力量的本源在哪里，搞清楚能够激发这种力量的条件，这样或许有助于他们的力量"喷涌"出来。只有同样的现象在各地、在不同种族和在相对于我们较落后文明里的儿童中不断重复出现时，我们才不得不得出了结论：它是一种"正常"的可能性，而且确实是人类的力量，由于成人缺乏对心理发展规律的尊重，儿童有权接受教育但缺少成人的帮助，它在太多的时间里被隐藏了起来。

儿童的社会问题

获得我们论及的结果并不容易，因为它遇到了千百年来偏见形成的巨大阻碍。儿童和儿童教育是所有人面临的问题，经验自人类在地球上出现就开始逐渐形成，并且随着时间的流逝不断得到巩固和普及。不幸的是，有些现代科学或科学试验的发展停留在儿童最表面的现象上（外界因素的"效果"上），轻易苟同个人对儿童怀有的偏见。正因如此，我们所讨论的儿童的表现并不在那些"旁观者"观察的范围内，而且被那些偏见蒙蔽双眼的人批判。

这些偏见如此普遍，以至于很难让人相信是偏见，而且它与事物的表象混杂在一起，以至于所有人或几乎所有人只看到他们已知的儿童，看不到他们未知的儿童。事实上，如果在公众面前阐明教育改革需要战胜诸多偏见，较为进步或公正的听众马上意识到的是"需要教导"，他们不会想到儿童。他们会想，教育应该消除他们认知的偏见或错误，避免传给下一代。有些人会说,应该避免教授教条的宗教观念;有些人则认为,应该消除社会等级的偏见;也有些人觉得,应该消除某些落后于当今社会的礼仪习惯,诸此等等。

然而,有另外一些偏见"阻碍"了我们从非习惯的角度看待儿童,人们对这一点好像还难以理解。

从事儿童心理学研究或儿童教育的人应该考虑的不是现代人看重的社会偏见,而是应该考虑其他偏见,即直接关系到儿童、儿童自然属性和能力以及他们不正常的生活环境形成的偏见。

消除宗教偏见,或许可以更好地理解宗教的崇高或含义,而不是儿童的自然人格特征;消除社会等级的偏见,或许可以在社会上加强人与人之间的协作与和谐,而不是更好地看待儿童;如果在社会关系中很多属于过去时代的礼仪乏善可陈,或许可以改变习俗,但却不能因此更好地看待儿童。

人们普遍认为,所有看上去在成人中间推动的社会进步都可以完全不考虑儿童根本的需要。成人在社会里,在社会进步中所看到的只是成人自己,儿童被排斥在社会之外,儿童在生活的方程式中是一个未知数。

由此产生的偏见认为,儿童生活只有通过教导才可以改变或者改善,这种偏见阻碍了成人看到儿童的自我建设,他们在内心里有自己的老师,心灵教师也有自己的教学大纲和教育方法。如果我们能够承认未知老师的存在,就可以优先并有幸成为她的助手和忠实的仆人,作为合作者来协助她。

其他很多偏见都是这一点顺理成章的结果。有人说儿童的心理是空无的，没有方向，没有规律。因此，我们完全有责任填补、引导和指挥它。儿童的心灵注定有一定的缺点，注定趋向颓废和懒惰，注定会像风中的羽毛一样迷失方向。所以，我们要持续不断地激励、鼓励、矫正和引导他们。

身体问题上也是同样的道理。人们都说，儿童不能控制他们的动作，所以不能照顾自己，成人急切地为他们做各种事情，根本不管儿童是否可以自己去做。因此，我们照顾儿童成了巨大的负担和责任。在儿童面前，成人相信他必须将他"创造"成人，来到成人家里的这个人，他将来的智慧、对社会有益的活动和个性无非只是成人的作品。

于是，成人除了迫切的责任，还产生了骄傲。儿童必须无限尊重和感激他的创造者和救世主，如果表现出反抗就是罪过，必须改正，而且如有必要，还必须用暴力让儿童屈从。儿童要变得完美，必须完全是被动的，也就是必须严格地服从。儿童完全寄生在父母身上，只要父母还承担着儿童生活的所有经济负担，儿童就必须绝对听从父母。这就是为人之子！尽管他们已经长大成人，早晨在去学校，去大学之前必须刮胡子，但他们仍然就像小孩子一样从属于父母，从属于他们的老师。他们必须去父亲想要去的地方，常常要学习老师和教授想要他们学习的东西。即使他们大学毕业，可能有 26 岁了，但他们仍然是社会局外人。

没有父亲同意，他们不能选择结婚，必须等到年龄较大以后，结婚年龄不是根据他们的需要和感情，而是由成人制定的社会法律决定的，对所有人都一样。

另外，当社会对他们说："寄生虫，现在准备好去杀人或者被杀吧！"他们必须服从，直到死亡。如果他们不这样做，不去服兵役，就不可能在社会上找到地位，就是一个罪犯。

所有这一切流于世间，就像静谧的溪水在草丛中蜿蜒。这就是为人生准备的一切。而女人呢……女人更是附属品，永远不得翻身。

这种生活方式的规则构成了社会的基础，如果不随波逐流，就不能被称为"好人"。

就这样，自出生以后，直到成人制定的所有规则被遵守，儿童和处于从属地位的年轻人不会被看作是社会中人。对年轻学生说的只是："好好学习，不要关心政治，不要有什么与你无关的想法，你还没有公民权利。"

社会只有经过这种专制的安排后才向儿童打开。

应该承认，在文明历史的发展过程中有过一些进步。在古罗马法律中，父亲作为家里的主人有天赋权利杀死他们创造的孩子，他们杀死体弱残疾的孩子，把孩子扔下那个起着种族净化作用的悬崖（塔尔皮亚岩石）。基督教则将畸形的子女或儿童置于尊重他们生命的法律之下。仅此而已。儿童只是不可以从肉体上被消灭。

慢慢地，科学开始从卫生保健的角度"保护"儿童的生命，防止疾病和显而易见的暴行，但科学却没有看到如何改变社会环境并保护所有儿童的生命。

儿童的人格仍被埋在所谓秩序和正义的偏见之下。成人迫不及待地保护自己的权利,却忘记了儿童,甚至根本没有意识到他们。生活在这个层次上持续发展,而且变得日趋复杂,直到我们这个世纪。

从这些观念派生了特殊的偏见,所谓的目的是保护和尊重儿童的生活。

例如,幼小的孩子不能有任何形式的"工作",必须任从不动脑子的生活,他们只能按照既定的方式游戏玩耍。

如果有一天发现孩子是一个勤奋的劳动者,甚至能够集中精力做事,自主学习,自己守纪律,那简直就像一个童话故事,不会让人感到意外,只会觉得荒唐可笑。

成人并不关注这个事实,因此也不会思考其中是否掩盖了他们所犯的错误。事实被简单看作是不可能的,不存在的,或是人们常说的不严肃的事情。

解放儿童和主张他们权利所遇到的最大困难并不是找到可实行的教育方式,而是战胜成人对儿童的偏见。所以,我认为必须承认、研究和克服"对儿童的偏见",不必触及成人在自己生活中形成的其他偏见。

与偏见做斗争是关乎儿童的社会问题,需要教育革新,也就是需要规划一个积极和目标明确的路径。如果问题能够直接针对有关儿童的偏见,成人的变革就将相伴而行,就能够消除成人心里的障碍。成人自身的变革对整个社会起着极其重要的作用,代表着人类被层层阻碍的一部分意识得到觉醒,否则,所有其他社会问题将暗无出路,难题无法得到解决。"觉悟"不在于少数成人,而是所有成人,因为他们都有孩子,对孩子的觉悟全都被蒙蔽,他们不自觉地行事,而且不像在其他方面引导成人进步那样进行思考和利用他们的聪明才智。这就像视网膜一样,的确存在一个盲点。这个未知的儿童,表面上的人,不被成人理解,有时几乎被看作像是一场不幸的婚姻,前面的道路要付出牺牲和责任,却无法感觉美满和令人艳羡。

让我来描述一下人们心理的复杂性。假设儿童在自然界像神的奇迹一样出现,像人们感觉的以及艺术家和诗人笔下的圣婴形象,给人类带来救赎的希望,像东方和西方国王跪拜在脚下和向圣婴献礼时的庄严形象,但那圣婴即使在宗教信仰里也是一个真实的儿童,一个无意识的新生儿。几乎所有的父母都为孩子的出生感到欣喜,用爱的力量憧憬未来。但是之后,孩子发育成长起来,开始带来麻烦,于是父母开始后悔和对付他们。孩子睡觉时,他们高兴,所以尽可能让孩子多睡觉。有条件的人把孩子交给他人照料,委托给保姆,甚至敢要求保姆把孩子带得越远越好。如果这个未知的和不被理解的孩子出于无意识的冲动不服从,就会受到惩罚,被指责。孩子由于弱小,没有任何智慧和力量保护自己,只能忍受。由此在爱孩子的成人心里产生了一种"冲突",或许首先不无痛苦和内疚。但是在此之后,意识与潜意识的心理机制让成人找到了心理平衡,正如弗洛伊德所说的,找到了一种逃避,潜意识占了上风,暗示:

你所做的不是为了对付孩子,而是为了孩子尽你的责任;这是必须做的好事,你必须勇敢地行动起来,只有这样才能'教育'孩子,才能让孩子树立良好的品德。

得到这种慰藉之后,赞美和慈爱的自然情感被埋藏起来。

它发生在所有人身上,这种现象出于人类本性。因此,在普天下所有父母中形成了一种"防卫的潜意识组织",大家相互依靠,整个社会形成集体潜意识,所有人一致行动,摆脱和压制儿童。他们只为自己好,对儿童展露的则是责任,或许是牺牲。在这种情况下,心里的内疚被牺牲了,在冲突中被他们的团结一致最终埋葬。确立的东西形成一种暗示,并且成为所有人一致同意和毋庸置疑的绝对真理。未来的父母也因此沦为被暗示的对象,准备着为将来他们孩子的善好尽责和付出牺牲。

被暗示的人们在这种心理平衡上培养了意识,儿童被埋在潜意识之中。就像所有被暗示的人一样,在这些被暗示的人看来,只有在暗示里被确定的东西才会存在,这种状态世世代代延续下来。千百年里,"被埋葬"的儿童不可能展现任何他们自己至高本性的东西。

让我们给一个公式,用缩写说明这种现象。善其实是被伪装的恶,有组织的恶面对严重冲突找到了潜意识的解决办法。没有人向恶,所有人都愿意向善,但那种善即是恶,每个人都受到来自一致道德环境的暗示并被驱使。因此,社会形成了一种"恶的组织,伪装成善的形式,环境把它通过暗示强加给整个人类社会"。我们将其中大写的字母缩写成"OMBIUS"。[19]

伪 善

社会的伪善统治了儿童。所有人都服从于伪善,看不到至高至上的儿童,看不到圣婴的小弟弟。屈从于伪善的心态注定淹没了儿童生活的方方面面,儿童光明的形象仅仅成为宗教祭台上的符号。

成年人在为自己总结时,认为所有人都是上帝的孩子,耶稣活在每个人心里,是他们应该效仿的榜样,而且还应该与耶稣合为一体,甚至能够说:"我活着,但我不再是我,耶稣在我的心里。"但在这时,他们却排除了儿童。新生儿与圣婴是有区别的,被埋在伪善之中。在儿童身上,人们只看到了原罪,必须斗争。

这一小段有关人类本性心理秘密的注释,说明了日趋增长并在各方面压制儿童的基本事实。即使儿童被家庭阻隔,但由成人组成的整个社会仍对儿童持有越来越重的偏见。在争取人权的变革和社会运动中,儿童被人们遗忘。

对儿童不公正的历史还没有被正式著书立说,因此在任何等级学校的历史课上都无从学到,专门攻读历史专业的大学生也从未听到他们提及。历史只涉及成年人,因为只有成年人生活在我们的意识中。同样,那些法学研究者学习的是诸多过去和现在的法律,却没有注意到从未制定过一部关于保护儿童权利的法律。因此,我们的文明忽视了一个从未被认为是"社会问题"的问题。

然而,当成人觉得儿童有用的时候,儿童开始被重视和利用。但是,即便在这种情况下,儿童作为人的命运仍然坠入了意识的盲点。我们举一个最显著的事例。法国大革命时期,世人第一次主张人权,其中包括每个人都有受教育和读书写字的权利,它铲除了贵族社会的特权,并且成为普遍的现实。合乎逻辑的道理似乎是,所有成年人都应该为之付出辛劳,因为他们的权利不仅仅是为了废除特权,它同时还要求为完善自己而努力。但是,他们在这方面只想到了儿童,只要求儿童为之付出努力。

我们在世界历史上每一次看到儿童"被动员"起来,男孩女孩,一起被召唤去学校上学,就像战争时期动员男青年应征入伍一样。

我们都了解悲惨的历史!儿童像是被判处了终身监禁,在整个儿童时期被关进了监狱。他们被关在光秃秃的教室里,坐在木板凳上,在暴君的统治下,想暴君所想的,学暴君所说的,做暴君所要的。他们要用稚嫩的小手写字,要用富有想象的大脑记住枯燥乏味、不会给他们带来任何好处的字母。然而,只有成年人能够从中获得裨益。

这是一个未被记载的苦难人的历史!儿童被折磨,他们手拿笔杆的小手不仅被板子敲打,还要被迫做残酷的练习。那些小犯人经历的痛苦显而易见,在成长发育的初期,年复一年,日复一日坐在木板凳上,甚至导致他们的脊椎变形弯曲。他们挤在一起,遭受各种疾病的困扰,忍受寒冷,儿童时期就像生活在集中营里一样。这种情况一直持续到我们这个世纪。教育带来的裨益只是成人而不是儿童的权利,尽管父母始终怀有在孩子出生时那种父爱和母爱的自然情感,也像所有动物一样本能地保护孩子,但没有人对儿童心存感激,没有人试图帮助他们解脱痛苦。

除了意识神秘的现象，又该怎么解释它呢？或者更准确地说，除了伪善和对儿童的偏见，还能怎么更好地解释呢？

如今，在我们所处的世纪里，已经开始认真努力减轻儿童的痛苦，想要改变教育，建立更加健康和美丽的现代学校。但是，这一切仍然围绕着那个不被理解和在伪善的目光之下的儿童形象。

第三章　"星云"

人与动物

当我们逻辑地看待新生儿时，就能够从遗传特征的角度看到新生儿与哺乳动物幼崽之间的差异。事实上，像所有动物一样，哺乳动物的幼崽继承了一种特定的"表现"，像身体形态特征一样是固有的。身体形态当然要适应生命运行所需的功能，而这些功能在所有物种里都是固有的，出生时就确定了习性以及运动、跳跃、奔跑和攀爬的方式。因此，适应环境是指运用这些功能的可能性，其目的不只是保持物种的延续，还在于为自然界的整体运行做出贡献（宇宙的目的）。为跳跃、奔跑、飞驰、攀爬、挖土形成的脚爪都符合其各自功能的需要，即使是残忍、暴食尸体和内脏也是对地球的宇宙秩序的贡献。总之，坚硬和柔软身体的形成都是为了实现每个物种的"宇宙的目的"。天生具备适应一些特殊和有限变化可能性的物种很少，这些物种最终被人类驯化。相反,大部分动物仍然完全严格保持着它们的遗传特征,不可能被驯化。

但是,人类具有无限适应的能力,在某种意义上就像人类能够生活在世界各个地方,能够表现各种各样的习惯和工作形式一样。可以说,人类是唯一能够在面对外界事物的活动中不断进化的物种,从而推动了文明的发展。与其他所有物种相比,人类因其本性特征,是唯一在"表现"上不固定的物种。正如近期某些生物学家所言,人类是一种永远处于儿童状态的物种,它始终处于持续发展的过程之中。

因此,这里是第一个差异,即人没有因为遗传因素继承固有的"表现"。

另一个明显的差异是没有一个哺乳动物的幼崽像刚出生的婴儿一样,无活力和不能践行成年哺乳动物的特征。很多动物,例如羊、马、牛,出生后几乎可以马上站立,而且在哺乳期就能够紧跟在母亲身后。

被认为与我们人类最近的大猩猩,在出生后表现得聪明活跃,自己紧贴在母亲身上,母亲不需要把它抱在怀里。母猩猩爬树时,幼崽紧紧抱住母亲的身体。幼崽想跑开时,母猩猩经常很费力才能抓住它,让它留在身边。

相反,婴儿在很长一段时间里都没有活动的能力。婴儿不会说话,而其他动物的幼崽却马上可以吱吱嘶叫,或犬吠,或喵呜,总之可以通过遗传复制只属于同类特有语言的声音。世界各地所有品种的狗都犬吠,所有的猫都喵呜,各种各样的鸟都有独特的叫声和歌声,即有一种属于同类物种特征的语言。

婴儿长时间无活力和无能力的现象只属于人类。小牛进入可繁育的时期,尽管它的身体要比人类大很多,而且有差不多的生理器官,但它仍然处于幼年状态,还远未发育成熟。

研究身体形态和器官进化,意在推断人直接从动物进化而来的学者没有充分重视人类有较长儿童期这一神秘的特征,进化理论还没有研究相关问题,在这方面是一片空白。

实际上,通过逻辑的思考是可以认同的,大猩猩经过且只经过长期适应环境的努力进化成为人类。人与大猩猩的身体很相似,原始人的面部和头颅与类人猿的类似和接近,四肢以及整体骨骼也惊人的相似。如果有人臆想原始人也会像猴子一样爬树,那只不过是停留在电影《人猿泰山》想象的场景之中。但是,有一件事无法解释。我们可以假想体形较小的原始人爬树,但我们不能接受原始人的新生儿能够开口说话,贴在母亲身上,站起来并马上奔跑! 很难解释为什么人慢慢进化为高级物种,成为智人,他的新生儿却变得被动、不会说话、没有智慧,在最初的几年里不能做进化之前能做的事! 因此,人类某一个截然不同的特征是在新生儿身上的。

我们今天还无法解释这个现象,这并不重要。事实摆在面前,而且很容易证明,如果人类的新生儿与哺乳动物的新生儿相比如此严重低能,那么,人类的新生儿一定有哺乳动物新生儿不具备的特殊功能。

这种功能不是因为遗传了之前的婴儿形式,而是涉及进化过程带来的某种新的特征。

这种特征无法通过观察成人看到,只能通过观察婴儿才能清晰地看出来。

在实现人类进化的过程中一定发生了某种新生事物,就像发生在不同于爬行动物的鸟类和哺乳类恒温动物一样。恒温动物本能地照顾它们的卵或幼崽,也就是保护它们的物种。鸟类与爬行动物的真正区别并不在于始祖鸟的嘴里是否有牙齿,或脊椎上的长尾巴,而是在于恒温动物之前的其他动物身上并不存在的父母之爱。也就是说,在进化过程中有新增的东西,而不仅仅是纯粹的蜕变。

儿童的功能

除了比成人弱小之外,儿童应该拥有一个特殊功能。他们不是"因为出生"而具备所有为了长大和强壮,为了最终要变为成人的特征。事实上,如果婴儿已经拥有像其他物种那样的固有特征,人类就不可能适应如此不同的地方和习惯,不可能在其社会形式中发展,也不可能从事各种各样的工作。

因此,在遗传方面,人与动物不同。人类显然没有遗传特征,而是遗传了形成特征的潜力。婴儿在出生之后,其所属种族的特征将被逐渐构建起来。

我们以语言为例。可以肯定的是,人必然拥有并且遗传说一种语言的能力,它关系到智慧和社会协作中传递思想的需要。但是,并不存在一种特别遗传的语言。人不仅仅因为长大而"说一种语言",不像小狗那样,在世界各个地方,即使远离其他同类,也知道犬吠。人的语言是慢慢形成的,在婴幼儿无活力和无意识的时期发展起来。儿童在两岁或两岁3个月时能够清楚地说话,准确复制他们周围人的语言。他们没有遗传父母的语言。事实上,一个婴幼儿如果离开他的父母和他的民族,被放在讲另一种语言的国家里,他就会说所在地方的语言。

一个新生儿到了美国,他将会说美式英语,不懂意大利语。因此,是儿童自己在掌握语言,与动物不同,他们在掌握语言之前是"哑巴"。历史资料上所说的那些被抛弃在森林里,与野生动物相伴并幸存下来的"丛林野孩",在发现他们的时候,即使已经有 12 岁或 16 岁,但他们仍然是"哑巴"。他们虽然与动物为伴或在某种程度上被动物收养,可是没有一个人学到这些动物的叫声。那个知名的 12 岁阿韦龙野男孩也是哑巴,他在森林中被人找到,后来接受法国著名的医生伊塔尔[20]的教育训练。伊塔尔在他的经验中发现,男孩不聋不哑,他学说法语,甚至学习读书和写字。男孩看上去聋哑是因为他的生活远离众人,远离讲话的人。

由此可见,语言是由儿童"重新"发展的。他们自然而然地发展语言,也就是说,儿童具备遗传得到的能力,但他们自己发展语言,在自己的心里,同时从环境中汲取。心理学近期对精确观察儿童语言发展的研究更值得注意。

儿童以学习语法的方式无意识地吸收语言,在经过很长一段看似无活力的时期后,他们突然之间(或更准确地说在两岁至 3 岁左右)就表现出语言已完全形成的爆发现象。因此,他们在还不能表达自己的婴幼儿时期有一段很长时间内在的发展过程,他们是在神秘的无意识之中,按照思想表达所需的语法体系,用词语的规则构建整个语言。儿童以这种方式掌握所有世上存在的语言,包括最简单的某些非洲部落语言和最复杂的德语或俄语在内,所有语言都在同一时期被吸收,任何种族的儿童都在快两岁的时候开始说话,过去也是如此。古罗马时期的儿童讲非常复杂的拉丁语,拉丁语的格和变格就连现在的高中生都很难掌握。在古印度,小孩子说的梵语,甚至可以难倒当今的学者。

例如,印度南部使用的泰米尔语对我们来说非常难,泰米尔语的发音和重音几乎令人难以察觉,稍微提高或降低声调就可以改变语义。但是,村里和印度平原上的两岁小孩却讲一口泰米尔语。

同样,因为没有规律可循,学习意大利语的人遇到的困难之一是必须记住名词的阴阳性变化。不仅如此,有些名词在单数时是阳性,在多数时却变成了阴性,或者相反。所以,一个外国人几乎不可能不犯错误。但是,街头无知顽皮的孩子却不会出错,听到外国人说错了还会讥笑。有时候,即使是有学问的人学习了意大利语,懂得语法和发音,相信自己讲话像意大利人一样,也会被问道:"您有外国口音,请问您来自哪个国家?"

无论是无知的人还是有文化的人,在婴幼儿时期吸收的语言明确且不可比拟,它是我们的"母语"。母语是唯一的,它包含了每个人自己的发音、语调和语法结构,像肤色或体形一样,代表了你来自哪个国家和哪个种族。

那些世代相传形成的语言,那些通过人类思维形成的发音,那些不同的语言是怎样被吸收的呢?显然,它不是因为婴幼儿通过有意识的注意和理智的学习获得的。人类因为遗传特征拥有说话能力,但没有因为遗传继承特定的语言。那么,人类遗传了什么?

我们可以用天体起源的星云比喻。星云是太空里散布稀薄的气团,慢慢聚集凝固后转化并成为恒星和行星。

以此作为比喻,如果我们假设语言的遗传性,它可能就像散布和无声的"星云",没有星云的存在根本就不可能孕育任何语言。星云拥有可与基因媲美的神秘潜能,其中生殖细胞中的基因指挥未来的组织,使所有组织形成准确复杂的器官。

灵魂胚胎

婴幼儿看似心理上无活力,难道不是一个人孕育心理能力和器官的"胚胎"吗?婴幼儿难道不是一个只有星云和借助环境且只借助各种不同的文明环境,拥有自发成长能力的"胚胎"吗?这就是为什么人类胚胎在实现自我实现之前需要成长,而且只有在降生之后才能开展,因为成长的潜力必须得到环境的刺激。

这其中有很多"内在影响",像身体发育成长一样。比如,在由基因决定的过程中,发育成长受到多种激素的影响。不同的是,在灵魂胚胎中存在着指导敏感性。例如,关于语言问题,对感觉器官的研究发现,在婴儿降生的最初几周里,听觉发育是最迟缓的。但是,听觉必须接收词语最微妙的声音。因此,听觉器官不仅作为一个感觉器官聆听,而且受到特殊敏感性的指导,从环境中准确接收各种说话的声音。声音不仅被聆听,而且还引起声带、舌头和嘴唇微妙纤维颤动的运动性反应,它们在肌肉纤维带动下被唤醒,进而重复那些声音。不过,声音没有立即得到表现,而是被储存起来,等待语言的诞生。这就像子宫里正在发育的胎儿,没有活动表现,但在某一时刻被刺激降生并瞬间开始了活动。

这些是猜测,但事实是创造性活力驱动的内在发展的确存在,而且能够在向外界展露之前达到成熟的水平。

内在发展在最终表现时,将成为已建立的个性特征并构成个体的组成部分。

吸收性心理

当然,这些复杂的过程不都按照成人头脑里认定的方式发展,婴幼儿并不像我们成人有意识地利用智力努力学习外语那样掌握语言,而是像生物体内器官胚胎的发育一样,稳定、准确和神奇地进行构建。也就是说,在婴幼儿身上存在一种创造性的无意识心理状态,我们称为"吸收性心理"。由于指导敏感性是短暂的,只持续到获取自然完成的时候,所以吸收性心理不以自愿努力的方式塑造,而是接受"内心敏感"的指引,我们称为"敏感期"。因此,如果语言的星云遇到发展障碍,听觉的敏感性不起作用,尽管所有听觉器官和发音器官都很正常,也会造成聋哑。

显而易见,在人的心理"创造"过程中有一个隐秘的事实。假如我们是通过专注、意志和智慧学到所有东西,那么无智慧、无意志和不专注的婴幼儿又是怎样进行宏伟的建设呢？显然,有一种完全不同于我们的心理在发挥作用,在潜意识中存在着某种不同于有意识心理的心理功能。

获取语言可以作为最适合的例子,因为语言可以通过直接和详细观察进行研究,它可以让我们了解这种心理差别的概念。

在无意识心理中,不会出现我们在尝试学习最简单或最复杂语言时遇到的诸多困难。不言而喻,既然没有困难,也就没有困难的逐步加剧。所有一切都是在同一时期完成的。语言的获得与我们通过记忆努力掌握外语不可同日而语,与我们因记忆力弱而健忘的情况也毫无关系,因为在无意识时期,语言被不可磨灭地印刻在头脑里,成为人确立自己的个性特征。没有另外一种语言可以超越母语成为人的个性特征,没有人可以确信像母语一样掌握了外语。

对于我们来说,我们用有意识心理学习语言是完全不同的事情。学习一门语法简单的原始语言显然非常容易,比如传教士漂洋过海,穿过沙漠,到达非洲中部后所学的几种土著人语言。相反,学习拉丁语、德语或梵语等复杂的语言非常之难,学生即使学了四五年,甚至 8 年后也不认为自己已经达到完美的地步。一门活着的外语不可能完全学到，一些语法错误或"外国口音"说明讲话的人说的不是母语。外语如果不持续练习，很容易忘记。

母语不依赖有意识记忆，它存储在另外的记忆里，类似现代心理学家、生物学家或精神分析学家所说的"记忆"或"生命记忆"，它保留了经过无限时间遗传的形式，并且被认为是一种"生命力"。

或许用一个通俗的比较可以说明这种差别。让我们来比较一下照片与动手动脑制作的形象，即字体、图案和绘画之间的差别。一台相机可以用胶片在瞬间拍摄到任何有光线照到的东西，拍下一处森林或单独的大树、人群和周围环境或某个人的肖像毫不费力。不管形象有多么复杂，相机都能够以同样的方式瞬间记录下来。在那个瞬间，相机的快门打开，光线进入并照射到胶片上。因此，不论是想拍摄只有书名的封面，还是写满文字的页面，过程和结果都是相同的。

与之相反，如果有人想动手复制一幅图画，要看图画的难易程度，而且复画人脸的时间与复画整个人或人群或风景所需的时间有很大不同。另外，即使努力，绘画也不可能复制所有的细节。因此，要准确记录人的形象和体态，需要照片而不是绘画。同样，复写一本书的标题很容易，而且很快，但要复制一个写满文字的页面并不是那样的情况，手在书写时，写出的东西慢慢会明显地显示出抄写者的疲劳和在持续付出努力。

但相机不同，照片中影像仍然保持了原有的状态，而且不会显出任何人为的情况。胶片必须在暗房里取出，用化学制剂显影，在没有光线

156

的影响下固定影像。影像固定后,胶片可以进行冲洗并暴露在阳光之下,这时照片的影像已经复制了被拍摄对象的所有细节,而且不可磨灭。

吸收性心理似乎在以同样的方式发挥着作用:影像应该隐藏在无意识的黑暗里,被神秘的敏感性吸收,但没有向外界显露出来。只有在神奇的现象完成后,创造性的获取才被带入和停留在意识之中,其中包括所有的细节并成为不可磨灭的东西。所以,在语言方面,我们看到儿童在两岁之后爆发出来,有了准确的发音、词语的前缀和后缀、变格、动词变位和句法的构成。它成为永不磨灭的母语并形成种族的特征。

这种吸收性心理是我们人类获得的最奇妙的礼物!

不需要付出努力,只是"活着",个人就能够从环境吸收一种像语言这样复杂的文化知识! 如果这种基本形式存在于成人身上,我们的学习将变得多么容易! 让我们想象一下,如果我们可以去另外一个世界,比如木星,看到那里的人只在闲逛,不需要学习就可以吸收所有科学知识,不需要努力就可以掌握各种技能,我们肯定会惊叹:"这是多么幸运的奇迹啊!"然而,这种神奇的心理形式确实存在,它是婴幼儿的心理形式,是隐藏在创造性无意识中的神秘现象。

如果这种现象的确发生在掌握语言上,发生在构建人类成百上千年来通过智慧努力铸就的发音和打造的表达思想的方式上,那么就可以相信,区别种族的心理特征同样应该固化在儿童身上。这些心理特征表现在习惯、习俗、感情以及在我们亲身感受的所有特征上,无论我们是否要用智慧、逻辑和理性去改变它。我记得甘地曾经说过：

> 我可以赞同和遵循西方人的很多习俗，但我永远无法在心里
> 抹去对牛的崇拜。

许多人或许会想到："是啊，我信仰的宗教在逻辑上显得荒谬，但它仍是我的信仰，不管崇拜圣物是不是有不可思议的感觉，我都需要靠它活下去。"那些怀着禁忌印象长大的人，即使成为哲学博士，也不会抹去禁忌。由此可以看出，儿童的确在塑造与周围人相同的特征，他们在以心理模仿的方式复制这些特征。因此，儿童在成长的过程中不仅仅成为一个人，而是成为一个他所属种族的人。

通过这些描述，我们触及了一个对人类至关重要的心理秘密，即"适应性"的秘密。

适应性

进化论中的适应性是指它最终导致产生了"物种特征"，使物种彼此区分，特征固化并通过遗传世代不变地传递下去。

由于人类在文明的历史进程中不断发展，必须适应各种条件和环境，从不固守习惯，因此需要拥有快速的"适应能力"来替代心理方面的遗传作用。尽管事实证明，地球上所有地区、所有纬度、所有从海边到高山上的人都有适应的能力，但这种适应能力并不属于成人自己。成

人不容易适应,或者更准确地说,当成人身上的种族特征被固化,成人只在他所在的地区生活得很好,只有沉浸在他自身固有的特征里时才生活得幸福。

一个成人移居到其他地方或与不同习俗的人生活在一起,经常是非常痛苦的事情。探险家是英雄,那些远离他们生活中心的人是流亡者。

相反,适应下来的人只有在自己为中心的环境中,在自己的族群里才感觉快乐。爱斯基摩人感受北极冰雪的魅力,埃塞俄比亚人被丛林吸引,住在海边的人迷恋海洋,沙漠中的民族享受荒漠干涸无垠的诗情画意。不能适应新生活环境的人只有在努力中挣扎。传教士把他们的生活视为一种牺牲。

儿童不仅是让每个人爱上自己那片土地和依附于种族习俗的使者,而且基于同样的原因,儿童还是带我们穿越文明发展的工具。每个人都适应自己所处的时代,都生活得很好。我们或许再也无法适应一千年前的社会生活方式。一千年前的人没有汽车,没有快捷的通信工具,可能无法生活在我们这个充满喧嚣和快节奏的现代社会环境之中。他们可能会被人类发明创造的奇迹吓倒,而我们却在这个环境中感到舒心惬意,或者正如我们所说的那样生活舒适。

道理其实简单而且明确:儿童在自己身上体现了他们感受的环境并塑造了准备适应生活的人。他们生活在一个只属于人类自己的胚胎期,为的是实现这项功能。在这个时期,他们以隐藏的方式生活,外在表现的是空无和没有活力。

在 20 世纪的前 10 年,人们才开始研究儿童。所有研究者得出的结论是:出生后的头两年最重要,在这个时期,人格特征得到了根本性的发展。新生儿什么都没有,甚至没有活动的能力,但到了两岁时,他们学会了说话,跑步,能够理解,而且认识周围的环境。之后,他们的儿童期进一步持续,在玩耍的年龄无意识地组织自己要做的事情,并使自己对所做的事情逐渐形成意识。

儿童生活分为非常明确的时期,每个时期都在自然法则的指引下塑造和发展自己的人格特征。

如果不尊重这些法则,个人的建设可能会出现异常,甚至导致可怕的结果。相反,如果我们关心个人建设,关注发现和遵循发展的规律,在儿童身上就能够表现出我们从未认知和令人惊讶的特征,而且我们在其中还将窥见引导人进行心理创造的内在和神秘的功能。

儿童拥有我们还不知道利用的巨大能力。

在当今文明社会中,最可怕的危险之一是在儿童教育中违背自然法则,在普遍存在偏见的错误下压制或扭曲儿童。

接触世界

与此同时,还有另外一个合乎逻辑的结论:如果儿童在出生之后需要借助环境发育成长,那么他们就必须与"世界"接触,接触外界人们的生活,儿童必须加入,或更准确地说参与成人的生活。如果他们需要掌握种族的语言,就必须听到其他人讲话,参与他们的谈话。如果他们需要适应周围的环境,就必须参与公共生活,成为种族习俗的见证者。

感觉奇怪和发人深省的结论吧!如果儿童被关在幼儿园里,远离社会生活,由于被剥夺了完成崇高心理功能的必要手段,他们将因此受到压抑、变得残弱和扭曲,最终将变得不正常和无法适应。

不会说话和不能行动的孩子应该被带入社会,参与公共生活,成为成人生活的一部分吗?有谁敢提出这样的建议,尝试对我们当今抱有的如此深刻的偏见进行革命呢?

事实表明,当今在卫生保健事业不断发展的情况下,孩子得到了更多休息,但几乎总是被强制睡觉;有问题、心智落后、缺乏个性、胆小懦弱的儿童越来越多;很多儿童语言能力差,说话犹豫不决,甚至口吃结巴,表现出因为心理异常导致的精神失调和痛苦,这些都阻碍了他们的社会生活。人们对此感到困惑,所有人都会说:"这不是件好事,但你们的方法是荒谬的。"

那好,让我们从自然中寻找答案,因为新生儿如果有那个功能的话,自然就应该有办法保护儿童,方便他们完成至关重要的社会功能。

我们可以看到,自然和原始的生活形式正是这样。需要借助环境、准备适应和塑造自己种族特征的新生儿,那个婴幼儿,那个灵魂胚胎,始终参与了成人的社会生活。母亲把小孩子抱在怀里,无论走到哪里都抱着他。农妇干活的时候带着孩子,妇女去集市买东西,去教堂,与邻居闲聊时也总是把孩子带在身边。

哺乳是灵魂胚胎依附于母亲的纽带,是所有种族共有的事实。为了腾出双手干活,母亲带孩子的方法也体现了各民族习俗的特征。爱斯基摩人的母亲把孩子背在后背上,日本人的母亲把孩子放在肩头,印度人的母亲把孩子系在腰间,在瑞士的一些州,母亲让孩子骑在头上。就这样,母亲完成了第二个自然功能,一种心理秩序的功能。她无意识地采取了一种拯救物种的行动。母亲并不是"教育的革命者"。她不是孩子的老师,不要求孩子去上学,对孩子来说,她只是一个"运输工具"。母亲不操心孩子在观察什么。像所有人一样,孩子对她来说是空无的、无声无息的,没有智力和活动能力。这可以看作是一种天意,因为孩子并不观察母亲注意的东西,母亲也不注意孩子观察的东西。

有趣的是观察原始生活状态下的人群,例如,在农村的集市上,有人、牲畜和水果、布料等各种东西,人们在聊着自己的事情。我们在集市上可以看到吃奶的孩子,那个灵魂胚胎中的小孩奇怪地盯着很多东西,母亲停下来买东西和与人说话时,他在看周围各种各样的环境。整个世界,周围的环境,母亲并不注意,但孩子不是这样。母亲看着她想要购买的水果,孩子则被来来去去的狗和驴吸引,母亲和孩子的兴趣完全不同。孩子经常被母亲用带子或其他方式绑在身上,所以他看到的一定是相反的方面。母亲遇到的大部分人都会停下来对孩子说几句好听的话,实际上,他们在无意之中多次给孩子上了一些语言课。

在一些社会文明相对落后的种族里,哺乳期非常长,超过一年,甚至两年时间。在这个非常重要的时期,婴幼儿在努力征服环境。婴幼儿在身体上的确不需要这么长时间的母乳喂养,但即使孩子体重自然增加,母亲也本能地喜欢始终抱着孩子,不愿与孩子分开。

一位专门研究非洲中部班图族人习俗的法国传教士惊讶地发现,班图族人的母亲甚至从来没想过脱离自己的孩子,她们认为她们和孩子是一体的,孩子是母亲身体的一部分。在出席隆重的女王加冕仪式时,传教士看到女王抱着孩子进来,加冕时依然抱着孩子。他还惊讶地发现,班图族妇女哺乳的时间很长,一般持续两年时间。对此,我们的现代心理学家非常感兴趣。

当然,我们并不把这些自然习俗看作是革命性的。我们以欣赏的态度观察并将这些习俗归功于孩子安静的性格,不像我们的孩子那样难以对待和有诸多"问题"。其实秘密就在两个词里:母乳和母爱。

大自然,大智大慧的自然,应该成为构建更加完美的"超自然"的基础。可以肯定的是,发展必须超越自然并造就不同的形式,但是它在进步的过程中不能践踏自然。

这些简明的论述为我们开始挺进科学世界的观点开辟了一条切实可行的道路:"教育必须从出生时开始。"

结　论

人类既不是只靠物质营养存活的生物体,也不是只为了寄托感性情感。人类是拥有智慧并注定要在地球上奉行伟大使命的高级动物,人类注定要改变、征服和利用它,超越它并在自然奇迹之上建立一个美好的新世界。人类创造了文明。人类的工作永无止境,他的肢体用来工作,人类自出现在地球上时就是一个劳动者。古人类最早的遗迹中有手工敲打的石片,石片的用途各有不同,而且越来越多并扩展到无数的领域。人类最终成为所有生物、所有物质和宇宙中所有能量的统治者。因此,儿童在发育成长的过程中吸收环境,从事劳动,逐步获取对周围环境的经验似乎"对人类来说是很自然的事情"。儿童首先通过无意识吸收,然后通过活动体验外界事物来滋养和发展人性的品质。儿童自我塑造,自我形成个性,同时培育精神。

如果儿童的发展只限于身体,他们将沦为另一种"饥饿"的形式,心灵永远不会得到满足,而且将深陷"心理营养不良"的罪恶之中。因此,人性的东西不可能在儿童身上正常地发展。迄今为止,只有少数人发现,现代儿童在出生后前几年表现出明显的心理异常,这归咎于两个原因:"心理营养不良"和"缺乏智力和自发的活动"。换句话说,这是因为旨在活跃心灵的生命力量被压抑,以及引导儿童成长的法则被破坏所造成的。

文明世界变成了一个巨大的集中营,所有人在出生后都被放逐到这个集中营里,被奴役,价值被贬低,创造性冲动被湮没,每个人有权在爱的人中寻找到的激情被剥夺殆尽。

这种泛泛的表述可以浓缩为:"必须建立新的教育,教育必须从出生时开始。必须在自然法则的基础上重塑教育,打破人们先入为主的观念和偏见。"

164

当今的教育甚至没有建立在人类科学的基础之上。人们对待婴幼儿，"从出生起"就只依赖卫生健康开出的处方：良好的营养，尤其是人造食品，方便有意不再哺乳的母亲远离孩子；把孩子关在托儿所里，交给不认识和没有母爱的妇女；让孩子在遮蔽日光人造的黑暗中睡觉。把孩子带到户外时，让孩子躺在遮盖严实的婴儿车里，孩子看不到任何东西。推车向前走的时候，孩子的眼前只有保姆，保姆常常是年迈的保育员，因为人们认为老人在照顾孩子上更有经验。年轻漂亮的母亲深情的眼神成了孩子的奢望。因此，孩子变成了一个植物性躯体，医学专家和精神分析学者甚至敢把他们说成是"消化管"。睡觉需要的安静代替了说话的声音。这个"消化管"被研究得很好：严格管理和增减膳食，规划数量和质量，定期测量体重，跟踪他们的成长发育。母亲对孩子身体本能的爱抚没有了，尽管它是自然需要，能够激发生命，唤醒对意识的反应；母亲对孩子轻柔的抚摸也没有了，尽管在孩子还没有开始自主运动时，通过被动练习可以锻炼尚没有活力的肌体。

真是奇怪的事情！人们感到恐惧，认为爱抚和与母亲接触是危险和肮脏的，能够在刚来到这个世界的人心中激起性欲本能。但是，婴幼儿面临的危险却是失去个性，失去适应的能力并在刚刚降临的复杂世界中迷失方向。

社会需要从这种根深蒂固的错误中觉醒，解放那些困在文明之中的囚徒，为他们准备一个适合他们崇高需求，即心理需求的世界。重建社会最迫切的工作之一就是重建教育，为儿童营造一个适合他们生活的环境。第一个需要营造的环境是世界，其他诸如家庭和学校的环境应当适应和满足儿童在宇宙法则引导下实现人类自我完善的创造性冲动。

应当认识到，如果战胜偏见，世界上将出现拥有目前还被隐藏但却是非凡能力的"高等儿童"，出现的儿童注定将形成一种能够理解和把握时代文明的人类。

世界性的文盲问题

当今，文盲问题出现了新的形式，成为时代重要的话题。文盲问题已经不再像过去那样只停留在冰冷的统计表里，或是按照欧洲和美洲那样，将文盲在人口中的占比标注在地图上。

第二次世界大战后，对社会问题的研究超越了体现种族和文明一致性的国家和大陆之间的疆界，并且扩展到世界各个地区。战争的结果之一是亚洲民族，也就是东方、东方人进入了西方的视野，西方人清楚地意识到，世界上所有的民族都是相互联系的。发生的一些历史事件，例如印度和其他亚洲国家的独立，以及所有人共同关注的、以教育努力实现世界范围内的合作，使解决文盲问题成为当代最重要的议题之一。一方面，机器文明带来的产品和工具已经遍及各大洲，另一方面，世界上仍有不只几百万，而是几亿人口的文盲存在，这种在人类物质进步和精神发展之间形成的尖锐冲突造成了普遍的不平衡现象。因此，联合国教科文组织也把教育看作是使各国人民更加和谐共处的实际和必要的手段，并且把扫盲运动置于非常重要的地位。

当然,教育问题与扫盲不同,它完全是另一个问题。教育关系到人类精神的形成和智慧的升华,为的是在"新世界"里适应新的社会环境。面对新的世界,人类当前还没有准备好,还是无意识的。但是,教育必须通过识字传播,就像火车必须借助铁轨行驶一样。

正因如此,独立后的印度把对人民的教育列为当今最最紧迫的任务。

在解决所有人的吃饭问题后,紧接着的问题就是为儿童建立学校,为成人创办文化教育学校。东方国家的政府已经意识到文盲是需要解决的根本问题。

欧洲国家和美国在一个半世纪前也有类似的问题,它们决心从所有人都懂得英国人所说的"3R"[21],即"读、写、算"开始,逐步扫除文盲,其中首先是学会读书写字。

由于没有经验可循,这种尝试很快就遇到了巨大的障碍,犯了很多错误。可以说,东方国家是很幸运的,可以避开这些障碍和错误,西方的经验对它们有很大的借鉴作用。如今,道路已经规划好了,可以朝着既定的目标阔步前进。

在欧洲,由于缺乏经验,在快速全面实现儿童教育方面产生的错误不得不由儿童来承担,儿童因此沦为人类历史上一种史无前例的奴役形式的受害者。

很少有人知道,首次推动实现社会巨大努力的力量来自一场革命,它开创了欧洲的新时代,标志着伟大科学发现和大规模使用机器的兴起。

1789 年的法国大革命中出现了一种奇怪的现象：在人民暴动的激烈冲突中，人民主张拥有高等语言，即书写语言是人权之一。这是一个奇怪和前所未有的要求，与反抗造成人民致贫的暴政毫无关系。

人民不仅仅像之后马克思教导的那样只要求面包和工作，也不只是要求社会等级制度和政治体制的改变，而且还要求拥有接受教育的权利，能够行使 1791 年《人权和公民权利宣言》第 11 条赋予的权利，即

自由传达思想和意见是人类最宝贵的权利之一。

为此，每个公民都有言论、著述和出版的自由。这是为数很少的几次主张：人民不主张减少劳动，而是要求付出努力获得新的东西，要求获得每个人必须付出辛劳才能实现的东西。

这种要求的含义远比人民希望打碎暴政的枷锁更加伟大。事实上，人民只用 3 年就确立了新社会生活的原则，并推翻了君主制度，但需要整整一个世纪让民众掌握书写语言。

尽管战争的口号是为了"自由"，但征服读书识字却不是通过自由才能实现的，强迫是必要的手段。宏伟蓝图的实现不是靠推翻了剥削人民的君主制度，而是靠另一个君主制度：法兰西第一帝国。法国大革命的捍卫者拿破仑重新唤起了人民的力量，避免了陈旧势力的复辟，带领人民最终走向了新的生活。

在拿破仑的号召下,法国平民阶层成为冲破几个世纪桎梏的洪潮。法国民众的英雄壮举造就了延续至今唯一真正的胜利,即以人权为原则的人民文化水平的提高。

根据《拿破仑法典》,义务教育首次出现在各国立法中。由于拿破仑在欧洲各国强制推行他的法典,所以教育的原则不仅征服了法国,而且还征服了经历激烈战争洗礼的整个帝国。

义务教育在许多欧洲国家建立起来,之后传播到美国,由此开启了一段缓慢而艰巨的历程。当时,所有文明国家都加入其中。

大众教育不断发展和壮大,揭开了人类历史新的篇章。它要求每个人都为之付出脑力劳动,但任务却落在了儿童身上。

19世纪初,儿童作为文明进步的积极因素走进了历史。与此同时,他们又成为受害者。儿童不像成人那样能够懂得这种征服对社会生活来说至关重要的作用。从6岁进入学校,儿童只感受到被囚禁的苦难和被强制学习字母和写字的奴役生活,他们在枯燥乏味中无法认识到学习的重要性和对未来的裨益。儿童被困在笨重的课桌旁,被惩罚,被强迫学习,他们不仅付出了弱小的身体,还牺牲了自己的人格特征。

这种奴役现象一直存在于残酷的人类历史中。所有伟大的征服都以奴役作为代价。雄伟的埃及遗迹、罗马帝国在海上的扩张无不首先用鞭子强迫奴隶付出艰苦单调的劳动,搬运石块或者划桨。即使是这种新的更高智慧水平的征服,为了普及读书和写字,人类也需要奴隶,而这些奴隶就是儿童。

20世纪初开始了一场旨在改善儿童"被强迫学习"环境的运动,但就运动取得的成果而言,儿童还远没有被从完全享有人类自然权利的角度考虑。

人们还没有充分认识到,在学校里学习的儿童是一个"潜在"的人。儿童的价值不仅仅是让人民的文化水平提升到更高层次,达到国家教育目标和使社会获得实际利益的手段,他们还拥有"自己的价值"。如果人类需要自我完善,儿童就应该得到更好的了解,必须得到尊重和帮助。事实上,人类如今还不完善,发展水平各有不同,由此导致的不和谐阻碍了世界进步。我们这个时代接连发生的不幸事件证明了这一点。因此,培养人类的内在力量变得紧迫和至关重要。

当今,倡导义务教育的国家可以借鉴之前的宝贵经验,从更高的层面开始。我们不应再把儿童视为进步的手段,看作是承担文明进步重任的奴隶。教育必须从帮助儿童自身发展开始,从而增加民族的潜力。

儿童的需求以及为他们的生活提供必要的帮助应该是现代教育关注的根本问题。

"儿童的需求"不仅仅是物质生活的需要,作为人,智慧和个性的需求同样是紧迫和更高层次的。愚昧比营养不足和贫穷更加致命。

许多人认为,尊重儿童和重视儿童的心理生活就是让他们无所事事,没有任何心理活动。恰恰相反!当自然力量作为基础,换句话说,当教育计划能够遵循人类发展的特殊心理时,不仅可以实现迅速和广泛的文化进步,还可以增强个人的价值。

我们文明的进步建筑在科学基础之上,因此教育也必须在科学的基础上进行规划。

学习读书写字是义务教育的开始,也是义务教育的基础。读书写字是诸多授课内容之一,但必须将它与其他文化知识区分开来。学会写字不是一个纯粹的技能,而是代表拥有一种在自然形式之上的高级语言形式,它是对自然形式的补充和完善。

每个人讲的口语自然而然地发展起来,如果没有口语,人将变得可悲,脱离社会,又聋又哑。语言是区分人与动物的特征之一,它是大自然对人的恩赐和人表达智慧的方式。如果人不能理解和表达思想,拥有这种智慧的目的又是什么? 如果没有语言,人又怎么与其他人合作,实现共同的意志或开展一项工作?

口语像一阵轻风,只能吹到附近人的耳朵里。这就是为什么从远古时起,人类一直在寻找能够向更远距离传达思想和保存记忆的方法。图形符号被刻在岩石上或写在动物皮上,经过无数次的变化,逐渐演变成为字母。迪令格尔[22]曾说:

> 字母文字在推动文明进步上比其他任何东西都更伟大和更重要,因为字母文字可以随着后代人的持续发展统一全人类的思想。字母不仅涉及客观世界的发展,还关乎人的本性。字母完善了自然语言,并且增添了另外一种表达方式。

如果人高于其他没有口头语言的动物，那么能够读书写字的人也就高于只会说话的人。在当今时代，只有会书写的人才能掌握文化所需的语言。因此，书写语言不能只作为学习的课程和文化的一部分，它是文明之人的一种特征。

我们时代的文明不可能在只讲口语的人中得到繁荣发展，文盲已经成为文明进步最大的障碍。

最近，我偶然听到一则消息。在中国，除了蒋介石和共产党人的运动外，还有一位年轻人发起的第三个运动，他致力于简化汉字，以满足国民的需要，但还没有人能够理解。当前使用的中文需要掌握至少9 000个字，因而不可能消除大众的愚昧无知。这位年轻的改革者在没有引入新思想、没有政府制定的新举措、没有更好的经济环境，也没有倡导自由意识的情况下，却在中国广为人知，并且得到了极大尊重。

显而易见，他给中国人民带来了巨大的福祉，中国人民意识到自己需要成为世界进步的一分子，世界进步只能依靠人类品格的升华才可以实现。中国人民认识到，他们首要和基本的权利是掌握文明之人所需的两种语言。两种语言是出发点，文化知识紧随其后。

因此，在学校里有必要区分两者：一方面两种语言与人的形成有关，另一方面文化知识应该在第二个阶段获取。

为此，我想简要说明一下我在研究儿童方面获得的经验，或许能够给从事扫盲工作的人带来很大的帮助。相比义务教育通常从6岁的儿童开始,4 岁的儿童更容易掌握书写语言。6 岁的儿童在违背自然规律付出极大辛劳和努力的情况下,至少需要两年时间才能学会书写,而 4 岁的儿童只要几个月的时间就能掌握书写这门第二种语言。

4 岁儿童掌握书写语言不仅不费力气,而且热情高涨。40 多年前发生的现象让我产生了毕生献身教育的愿望,这就是在 4 岁儿童身上"爆发书写"的自生现象。

这一事实具有极其重要的实用价值,我将在下面的内容中具体说明。事实上,所谓的义务教育从不识字的 6 岁儿童开始时,他们遇到了极大的困难,因为在那个年龄阶段,学习读写不仅浪费时间和精力,还强迫儿童进行乏味的脑力劳动,使他们对学习和其他文化教育产生了一些厌烦的心理。

这等于在学习开始前就剥夺了求知的欲望。

相反,如果 6 岁的儿童已经掌握了读书写字的能力,学校就可以立即开始以简单和趣味性的方式教授文化知识,儿童可以积极热情地进入学习状态。

差别是根本性的。

真正能够使民族得到升华的理性和现代的学校,必须能够依赖"全新的儿童",他们是已经掌握两种语言的儿童,而且必将长大成为适合当今时代生活的高等人。

所有学校都是从教授读书写字开始的。书写是固化人类知识的方法,所以是一个合乎逻辑的过程。学校的目的是传授知识,因此需要给儿童提供持久掌握知识的手段。读书和写字是打开人类知识宝库的钥匙，知识借助书写艺术被收集、固化和积累在书籍中。然而，正如我之前所说的，书写和知识必须区分开来，书写本身也是一门艺术。

自从字母发明以来，所有人都可以学会书写，字母简化了书写方式，儿童也可以完成。

这项发明不仅简化了书写方式，而且更加人性化。它将书写语言与口语直接联系在一起，并且成为口语的补充。

口语由为数不多且区别明显的发音组成，语音数量有限是因为它取决于发音器官的运动组合，发音器官的运动组合同样是有限的，这对所有人都是一样的。一些语言只有 24 或 26 个基本发音，其他语言多一些，但发音总是有限的。然而，发音的组合，也就是单词几乎是无限的。一种语言可以由无限丰富的词汇组成，没有一本词典可以囊括全部，并且可以包含所有由字母和音节按照数学定律排列组合形成的词汇。

字母文字语言在于用图形符号代表组成词语的发音。符号和语音一样，数量很少，在所谓的"语音语言"中可以实现完美的表达。然而，每种书写语言只是或多或少充分采用了这个简单的原则。事实上，困难的是并非所有字母文字都在语音上与口语对应，字母并非完全按照含义使用。但是，问题可以纠正，能够使书写变得更加容易。毫无疑问，语言以及语言在文字上的转化仍然在不断演变，仍然在持续完善的过程之中。

这就是为什么学习写字必须从分析词语发音开始的原因，这是必须遵循的步骤。

学习写字不应该从学校当前使用的教科书开始,不应该一开始就教授印出来的音节和由音节组成的词语。

在学习写字时,正确的方法是只给出简单的字母,使它与所代表的发音产生直接联系。

之后,拼写单词可直接来自已经在大脑里完整存在的口语。这个过程非常简单,由于字母写起来一般很简单,也很容易,本身很少也很容易记住,所以可以让书写就像变魔术一般。

逻辑思维得出的结论是,如果采用这种方法,写字将自发产生,而且可以马上表现每个人掌握的所有口语。

有了这把钥匙,学习写字的问题就可以毫无困难地得到解决。不仅可以在几个月内学会写字,而且还可以自发地进步,并且随着大脑集中于这种练习逐步得到完善。

字母直接联系口语,遵循内在的路径,是实现写字艺术的方式,由此将最终拥有写字的能力,它来自每个人对所掌握词语的分析和大脑致力于这种神奇过程的思维活动。

与之相反,如果学习写字从书本开始,也就是说从阅读能力出发,必须学习这些书本专门给出的词组,困难将会增加。其结果是它变成了一种拿来的、不相干的书写语言,只是为了解读音节或词汇,所以不会引起任何兴趣。

这就好像试图从外部构建另外一种语言,从声音,从不到一岁婴幼儿发出的毫无意义的牙牙声开始。它所遵循的方法类似于自然构建口语的过程，就像人在出生后那样，没有智慧和推动力作用其中。

相反，如果字母与口语联系起来，它将变成一个把自己的语言简单翻译成为图形符号的过程。

这样，字母始终与大脑里有意义的词汇关联，写字将自然而然地具有更大的吸引力，并且会取得进步。这样就掌握了两种语言，并且以固定的形式保持了下来。眼睛和手同时作用于通过听觉和发音器官自然积累的语言财富上。口语是一阵微风，消散于空中；而书写语言则是永恒的东西，固定在眼前，可以操纵和研究。

正是因为与词语发音直接相关，字母代表了人类最伟大的发明之一。

与任何其他发明相比，字母更加深刻地影响了人类进步。它改变了人类本身，为人类提供了超越自然的新的能力。它使人类拥有两种语言：一种是自然的，另一种是超自然的。借助超自然的语言，人类可以向远方的人传播思想，保存思想并留传后代；可以通过实用的方式建立起穿越时空的人类知识宝藏。

迪令格尔曾说：

令人惊讶的是，不管是对有文化的人，还是对没文化的人来说，文字的历史就像灰姑娘一样。这个历史不是大学、中学或小学的研究对象，也没有哪一家博物馆认为有必要通过展览向公众介绍一下文字发展的过程。

——《字母》

人们的目光都集中在其他发展上，没有对这种神奇的工具给予足够的重视。

文字不是字母。文字是一系列以实用和永久方式传递思想的手段。文字的历史可以追溯到数千年前。人类最初尝试用图画表达自己的思想，然后把思想抽象为符号，只是在很晚之后才找到了字母方式的解决办法。

它不是将思想而是将由声音构成的语言，必须以图形表现。因此，只有语言能够真正代表思想和思想深思熟虑的内容。字母可以做到，它忠实翻译了人所说的每一个词语。

在教授写字时，字母的作用没有得到重视。它只被看作是一种对书写语言的分析，而不是口语忠实的再现。字母湮没在文字里，看不到目的性，也引不起任何兴趣。

因此，它成为枯燥学习的开始，字母的目的和优势长期隐藏在儿童心里。书写语言即使是纯粹的语音语言，教授时也像讲解中文字一样，而中文字与词语发音没有直接关系，不具备字母奇妙的简单实用性。

1906年，我们在罗马开始对3—6岁的孩子进行实验。我想，那是第一次也是唯一的案例。我们在教授写字时没有使用书本，而是直接将字母的图形符号与口语直接联系在一起。神奇和意想不到的结果是,孩子们的写字"爆发"出来,完整的单词开始从他们的大脑里不断喷涌出来。他们用稚嫩的小手把词语写在黑板、地板和墙壁上,兴奋和不知疲倦地进行创造性的活动。这种惊人的现象发生在4岁至4岁半的孩子身上。

我相信,我们过去取得的经验对现今的扫盲工作是很有用的,它可以让我们借助自然的能力。

从实际和简单的方面看待文字,也就是说,将文字直接与口语关联,已经是一个实际可行的步骤,它既可以用于儿童,也可以用于成人。这样,文字变成了一种"自我表达"的形式,它能够唤醒人们对写字的兴趣和行动,为明显的成就感和获得新的能力而兴奋不已。

在完成第一阶段后,书写语言将成为个人的护身符,它使每个人可以畅游文化的海洋,并且为所有人打开了一个自主宽广的新世界。因此,在第一个阶段,在掌握书写成为自我表达的新的形式时,应该取缔书籍和识字课本。这样,字母将作为一把从里面开门的钥匙发挥重要的作用。

文化知识本身与写字是分开的。想象一下,如果在字母发明之前拥有丰富经验和道德观念的人是文盲,那么在我们这个时代,一个不识字的人,不管他的道德水平如何,能够掌握他那个时期的文化知识简直是难以想象的。

将语言分作两个不同的方面考虑并加以区分,可以提供非常实际的帮助。

书写语言关系到自我表达,是需要在人格特征中创建的一个极其简单的机制。它可以逐个部分进行分析,而且这种分析是很有价值的。

有文化的人或是没有文化无知识的人,与会写字或者文盲是两个截然不同的问题。

书写只与字母有关,因此只涉及口语和对语音的分析,而有文化或者受过教育和有修养涉及与外界事物联系在一起的文学,涉及包含形象和思想的书籍,所以与阅读相关。

我们在 4 岁儿童身上获得的经验至关重要(在这个年龄阶段,写字可以"爆发"出来,它是已经掌握能力的结果)。事实上,语言的发展持续到 5 岁,而且在这个时期,所有与词语相关的思维都处在活跃的阶段。

这个阶段可以称为"生命的季节",书写语言在这个时期开花结果。结果不仅取决于种子和备好的土壤,而且还取决于播种的季节。

从字母与口语关联的机制上分析文字,不仅对儿童,对成人也同样有益,但最好的季节是口语自发完善的时期。这是一段专门在幼儿身上自然形成的"心理敏感时期"。我们在这里可以真正定义为"书写语言的发展",因为当字母与词语发音联系在一起时,两种语言会像一个有机的整体,不断得到发展、拓展和丰富。

机制的培养是一个自然过程。口语也是从长时间的牙牙学语开始的,为的是机械地训练说话器官。只有到了两岁的时候,当器官运动稳定下来,语言才会在智力的推动下展开,借助思维吸收新的词汇,并且继续从儿童生活的环境和周围人中吸收和完善语言的构建。因此，机制的形成有两个不同的阶段：第一个阶段，机制（也就是说话器官的灵活运用）通过长期的练习得到培育；第二个阶段是智力活动的阶段，语言在构建表达的过程中发展。

在第二阶段，也就是在语言通过智力活动自然发展的时期，字母可以帮助语言得到完善，这就像成年人在学会读书写字之后，智力水平通过获取文化知识得到提高一样。

重要的是，字母以及掌握写字的能力有助于儿童语言的发展。由于是在正确的时间对自然性的发展有真正的帮助，儿童充满渴望。

我们给孩子的字母符号是彼此分开的，可以随意摆弄。分开的字母不仅能够吸引孩子了解之前无意识掌握的口头语言，引导他们分析构成词语的发音，而且还可以赋予这些发音一种始终保持在眼前的可视的形式。

活动的字母是一种令人愉悦的工具，可以用手移动、搭配和组成不同的词汇，如同拼图的各种图块，引导孩子去出色地征服它。

有什么比这种征服更加美妙？

这些为数不多的卡片可以拼组出孩子掌握的所有词语，包括其他人说出的单词。因此，这种如此简单的智力训练有助于明确、完善和巩固口语。

显而易见，这种训练基于对词语，也就是拼读的分析。它完全是一种在心里的练习，孩子通过练习可以复习自己语言的各个组成部分。

在没有这把钥匙，没有这些可见和活动的字母符号之前，他们从来没有做过，也不可能去做。

儿童通过这种方式"发现"了自己的语言。每次拼读词语的尝试都基于探索和发现：发现构成他们想要拼读词语的发音。

这种训练对不识字的成人也有帮助，事实也是如此。字母可以为每个人提供一把探索自己语言的钥匙，并且唤起另外一种兴趣。兴趣不仅仅是出于对词语的分析和能够克服书写语言中的拼写困难，而且还因为它能够让人意识到字母的数量非常之少，尽管很少，但却能够以任何形式和任何理由表达语言的全部。比如，如果有一个成年人记着一首诗歌或一段经文，他就可以拼写出诗歌或经文的全部内容。试想一下，一座图书馆里的所有书籍、每天填满各种报纸的新闻都是由字母拼写组成的，我们在周围环境里听到的谈话，广播电台播出的讲话都是由字母代表的同一个声音组成的，那是多么奇妙的事情！

因此，一个不识字的人由于这种思想而感觉精神高涨很容易让人理解，这种思想对他来说是一种发现和启迪！

然而，并不是这种想法在吸引儿童，而是他们内心生命力量的行动在发挥着作用。用字母进行练习让他们心情振奋，因为在语言发展时期，他们内心如同有一团火焰，在创造性的活动中激情燃烧。

在我们的第一批学校里，孩子们经常拿着一些字母卡片，像旗帜一样在空中挥舞，高兴地欢呼，表现得无比激动。

在我的书中，我曾经提到有些孩子像默想的修道士那样踱步，低声地解读单词:"拼写索菲娅需要 S-O-F-I-A。"

有一次,一位父亲问他在我们学校上学的孩子:"你今天乖吗?"孩子抑扬顿挫地回答:"乖! G-U-A-I。"

打动孩子的是词语,所以他马上开始分析构成词语的发音。

用活动的字母进行练习让整个语言活了起来,而且激发了智力运动。

然而,应该指出的是,在所有这些练习中,孩子并没有用手去写。他们手里从不拿着笔,不用手写就可以拼读很长很难的单词。

练习拼读单词只是为书写做准备,但是,在这个练习中却隐含着两个东西:书写和阅读,因为书写客观上是练习的结果,看到单词时也就读了出来。因此,这种对口述和书面单词持续不断的拼读练习不仅是为书写做准备,而且还是为正确的书写做准备。

在普通学校里,孩子在书写时经常出现拼写错误。通过使用活动的字母练习拼读,这种在普通学校里遇到的严重问题全部得到了解决(当今在美国甚至有纠正拼写错误的诊所)。这些练习在没有书本的情况下为阅读做准备,在没有书写的情况下为书写做准备。

正因为这样,我把它看作是"从机制中获得的书写语言"。

实际书写,即用手和笔写出每个字母,只是一个执行机制,与智力劳动毫不相干。文字可以用打字机和打印机复写出来。手实际上是一台活的机器,手的活动准备必须为智力服务,这种准备依靠其他练习进行,以达到必要的协调功能。

智力和执行机构,这是我们要说的另一个区别,在实践中需要有不同的准备过程。

如果像在普通学校里那样开始学习书写,那么遇到的困难虽然不是无法克服的,但却毫无疑问对智力劳动构成了阻碍。这就如同一个有知识和满有想法的人想说话,却还没有具备表达语言的机制。类似的方法相当于用在想要通过努力说话激发发音运动来推动聋哑人说话一样。

这种情况同样发生在手还没有准备好之前就要动手写字上。

如果一个工人要开始学习使用钢笔或铅笔写字,笔尖很细,可是手已经变得僵硬,他一定很难练习,感觉吃力和气馁。钢笔断裂、墨水污迹、铅笔的笔尖崩断会让他心情沮丧,他信心满满地尝试只能得到非常不完美的结果。

在小学校里,钢笔对于孩子来说简直成了折磨他们的工具,写字变为一种被驱使和不断被惩罚的强迫性劳动。

正因为这样,在开始写字之前,手也需要做好准备,需要通过一系列有趣味的练习学习写字,这些练习类似让身体肌肉灵活的体操锻炼。

手是体表器官,手的灵活运动可以直接受到教育的影响。手是可见且简单的,不像说话时那样需要舌头和声带等体内器官隐秘和难以察觉的运动。

写字的手也需要动作协调,但不管怎样,我们可以分析如何握笔,如何使用钢笔流畅地划线,如何精细地勾勒字母,同时又把手练得轻巧和从容。

这些运作可以通过不同的练习逐一掌握。

正如我们学校里的孩子所做的那样,成人也可以设想一些动手练习,每个人根据自己的情况做好必要的准备。

孩子在搬动东西进行感观练习的同时,他们的手也为开始写字做好了准备(参见"写字的间接准备方法")。

届时,只需要告诉他们正确的握笔方式就行了。

教授正确的握笔方式增加了他们的兴趣。在幼儿期,孩子在自然地协调他们手上的动作。我们可以看到,他们本能地用手触摸、拿住和玩耍各种东西。在"游戏年龄"的生活中,孩子在间接地为用手写字做着准备,在那个时期,他们尤其喜欢画画。然而,在成人和 6 岁时的儿童身上,已经再也找不到自然力量赋予的这只"新手"的巨大优势。

成人和 6 岁时的儿童已经度过了感知期(游戏年龄、触摸年龄),他们已经在偶然之中确定了手上的动作。

对于工人来说,情况更糟,他们在学习写字时必须改变工作中已经养成的某些用手习惯。

正是因为这种困难,不识字的成人需要通过一些手上的练习,尤其是绘画练习,间接地做好准备。绘画练习不能随心所欲,而是需要借助一些手段准确地引导手的动作,并且能够看到装饰性绘画明显的效果。

这样,我们就有了一种体操性的锻炼来让我们的手为写字做好准备。就其目的性而言,它可以与通过活动的字母为写字做好智力准备进行比较。也就是说,为了赢得书写语言,大脑和手是分开做好准备的,并且遵循着不同的方式。

现在只差最后一步了,就是用手实际写出眼睛已经熟悉的字母。

学校里一般采用的方法是让孩子抄写摆在眼前的字母。看上去似乎合乎逻辑,但实际上却毫无意义,因为手的动作与眼睛没有任何直接的关联,看到并不足以帮助手写。

边看边写时,只有意志在发挥着作用。

口语的情况不同,讲话时听觉与发音动作有着神秘和内在的对应关系,这恰恰是人类独有的特征之一。因此,抄写是一种人为的努力,势必造成各种不完美、令人厌倦和灰心丧气的结果。

相反,我们可以让手直接做好写字的准备。如果有一种感觉可以提供帮助,那它就是触觉,是肌肉的感觉,而不是视觉。因此,我们为我们学校里的孩子准备了细砂纸剪成的字母,然后粘贴在光滑的纸片上,形成了大小和形状适合的活动的字母。我们教孩子以写字的方式用手指仔细触摸这些字母。

这是一个极其简单的过程,却得到了不同寻常的效果。

可以说,孩子把字母的形状印在了手心里。当他们自己开始写字时,他们的字迹非常完美,所有孩子都以同样的方式书写,因为他们触摸的是同样的字母。

对于不识字的工人也可以采用同样的方法。任何工人都能够用手指触摸和感觉砂纸剪成的字母,都可以领会字母简单图案的每个细节。

我知道在两个世纪前有一位在梵蒂冈工作的艺术家,就是这样准备书法字给成年人使用的。那个时候,人们还在手工写书,在羊皮纸上手写文卷,羊皮纸卷之所以成为艺术作品,是因为专职人员需要具备书法(也就是美术字)的能力。但是,做到细微之处的完美极其困难。

于是,那位艺术家想到让学生们触摸事先准备好的模板,而不是简单地抄写。他很快就培养了一些书法精湛的专家,否则不仅可能需要很长时间培训,而且还不会完全成功。

这就像哥伦布竖鸡蛋一样简单、实用,并且合乎逻辑。

现在,一切准备就绪,可以实际动手写字了。如果大脑这时已经完成拼读单词的练习,书写就可以突然"爆发"出来,立即写出整个单词或整个句子,像奇迹一般,像大自然再次馈赠的礼物。

这就是众所周知的,在 4 岁孩子身上出现"爆发书写"的事情。他们通过复制触摸的形状书写,已经独立领会和掌握拼读,所以他们写得很好并且拼写正确。

孩子学习写字的速度惊人。在我最初的实验中,他们在 10 月份首次接触到字母,到圣诞节(12 月 25 日)时,他们已经能够给捐资助学的人写信了。而在此之前,他们早就能够在黑板上为来访的客人写问候语了。

但是,我们还是需要思考一下,儿童写字的手是经过长期摆弄感官物品间接准备好的;另外,意大利语几乎完全是纯粹的语音语言,只用 21 个字母就可以完整地拼写出来。

但不管怎样，即便不是语音文字，也会发生同样的现象，只不过时间稍长一些。在英语、荷兰语、德语等所有非语音语言国家里，6岁的孩子已经学会读书写字。

关于阅读，孩子已经在字母的练习中有了感觉。在纯粹的语音语言中，如果对了解书写秘密有强烈的冲动，阅读则不需要任何其他帮助。

我们学校的小孩子在星期天跟父母一起散步时，经常长时间停留在商店门前，解读上面写的名字，尽管上面写的是大写印刷体字母，而他们学的是斜体字。

因此，他们实际在完成一项理解性工作，好像破译古代消失文明的碑文一样。

这种努力只能来自对求知和解读文字强烈的兴趣。

我们最初创办了一所学校，学校里都是不识字父母的孩子，家里没有书。有一次，一个小孩子上学时带来一张又皱又脏的纸片，他问："你们猜猜是什么？"有人说："是一张破纸。"他回答："不，里面有小故事！"于是，孩子们围过来惊讶地查看，所有人都相信是真的。

此后，孩子们到处找书，然后撕下几页带回家里。

从这件事可以看出，学习阅读可以更多地依靠心理活动而不是教学。

5岁时，孩子已经能够阅读整本书，阅读让他们满足和快乐，就像童话故事和成年人给他们讲的小知识能够让他们感到满足和快乐一样。

当孩子知道如何阅读时,他们对书非常感兴趣。这一点显而易见,似乎也无须赘述。

在普通学校里,阅读直接从书本开始,孩子必须学会在阅读中学会阅读。

初期的文学课本是基于偏见编写的,因而造成后期可想而知的困难。课本从简短的单词开始,过渡到较长的单词,从简单音节过渡到复合音节,等等,每一步都需要克服困难。

但是,这些困难实际上并不存在。孩子在他们的母语中已经有了短词和长词以及各种音节,因而只需要分析语音和找到对应的字母。就应该这样!对于不了解这一事实的人来说,理解起来似乎确实有些困难!阅读不应该用来克服前面所说的困难。

阅读是通向书写语言,进入文化知识领域的大门。阅读不像书写那样是"自我表达"的手段,相反,它的目的是通过字母收纳和重建其他人向我们默默表达的语言和思想。

阅读也需要一个准备的过程。

尽管在这里不可能详述我们为此采用的方法,但我想强调的是阅读不能从读书开始。我们在开始时使用了一系列教具,从小卡片开始入手,上面写有熟知物品的名称,然后把卡片放在对应的物品旁边,目的是找到所读词语的感觉。此后一段时期,我们给出一些短句,讲述进行的动作。讲述名称是为了辨别语句的一部分,讲述动作是为了辨别另一部分,也就是动词。这样,初期的阅读可以为引入语法学习做好准备。

两岁的孩子不仅拥有词语,而且还能够进行组合,用母语表达想法。用单词找到感觉显然是不够的,还需要有词语的顺序,使表达想法的含义清晰。

每种语言都有自己独特的顺序,这种顺序在出生后的前两年自然传递给每个人。

就像在准备写字时分析单词和组成单词的发音能够帮助孩子有意识地认识自己的语言一样,基于分析语句各部分的阅读可以帮助他们自觉地了解语句各部分的语法功能和每个部分所占位置的顺序,从而使语句的含义变得清晰。

借助分析的方式,语法成就了一种"构建"的形式,它不是普通方法意义上的对语句进行解剖和断开语句的每个部分进行分析。

少量的语法式阅读简短、容易和明确,同时又引发兴趣。首先,它伴有积极主动的活动,不仅有手,还有整个身体的运动。这种主动的语法式阅读推动孩子展开行动和游戏,帮助他们发现语言,使他们可以无意识地掌握表达方式。

因此,他们是通过与阅读联系在一起的引人入胜的实际练习探索了已经构建的语言。

由于是以看的方式进行阅读,看到的语句引人入胜,通过用大字体和各种鲜艳的色彩进行书写,语句因此得到了掌握。

此时,在这个年龄阶段,可以帮助孩子在讲话中纠正语法错误,这就如同掌握单词的字母顺序能够帮助拼写一样。

没有深入我们教育法工作的人难以领会在实践过程中出现的实际情况。例如,在看到练习没有取得进步时,他们便把所有练习混在一起,重复多次之前已经做过的练习,将普通学校视为难点的练习放在容易的练习前面,在同一个上午交叉反复去做。他们也有可能是让5岁已经学会读书的孩子返回去投入语法式阅读,参加与语法式阅读相关的游戏。

总之,阅读直接关系到文化知识的层面,因为它不只限于让儿童阅读,还能够促进学识的进步,即学习自己的语言。在这个精彩的过程中,所有遇到的语法问题都迎刃而解。那些必须配合语句表达的细小特殊的语法变化,比如,前缀、后缀、词尾变化,都将变成一种有趣的探索。动词的连词甚至引起了某种哲学分析,让人认为语句里的动词是表达动作的声音,而不是用来说明正在完成的实际动作。所有不规则动词(很难学)已经存在于儿童的语言之中,只待他们"发现"是不规则的。

这与学习外语的语法是截然不同的,外语需要学习所有东西。

普通学校里学习母语的语法难道不是这样吗?

学习自己的母语就像学习外语一样!

神圣而又神秘的创造性工作,来自自然最伟大的奇迹,就这样被忽略了。

简明的语法式阅读用于不识字的成人很容易让人理解。

反之,为了学会阅读,他们不得不努力理解书中的词句,但是统一单调的印刷文字却不能引起他们的任何兴趣。与此同时,他们还需要了解两种不同的字体:书写字体和印刷字体。

对语法的探索不仅有助于阅读,而且还可以激发兴趣,通过认识已经掌握的语言获得满足。而且,读书可以让人集中精力专注来自外界的思想。

另外,一个现实的原因是很难找到精通语法的老师来教授不识字的民众,采用准备好的教材教具可以弥补临时教师的不足之处,与此同时还可以减轻他们的重负。

第二次世界大战后,在英国进行的一个实验中,一位苏格兰教师说过:

> 我曾经对太多要做的事情感到手足无措,但这些教材教具弥补了我的不足。我的班真的成了一个文法工厂,所有工人都很忙碌和愉快。

正如我开始时所说的,文化知识本身不能与学习读书写字混淆在一起。

5岁的儿童不是因为掌握书写语言而变得有文化修养,而是因为他们聪明,而且可以学到很多东西。

事实上,我们学校里的 6 岁儿童已经掌握了很多关于生物、地理、数学等方面的知识,他们掌握的知识直接来自可以看见和摆弄的教具。

有关学识的话题与我在这里想要讨论的问题无关。我只想谈论一下现实问题,即如何消除民众中存在的文盲现象。

文化知识可以通过口口相传,也可以通过广播和唱片、投影和电影进行传播。但是,首先要通过活动,借助教材教具,让儿童在探索未知心理的自然推动和儿童成长规律的指引下自己获取文化知识。儿童的成长规律表明,儿童通过个人经验和重复有趣的练习获取文化知识,手是协助智力发展的器官,用手的活动始终在为儿童获取文化知识发挥着重要作用。

注释

[1] 弗里德里希·威廉·奥古斯特·福禄贝尔(Friedrich Wilhelm August Fröbel, 1782—1852),德国著名的教育家,创办了第一所"幼儿园",现代学前教育的鼻祖,为现代学前教育奠定了方向。——译者注

[2] 约翰·海因里希·裴斯泰洛齐(Johann Heinrich Pestalozzi, 1746—1827),瑞士教育家和教育改革家,要素教育思想的代表,被誉为"平民教育之父"。——译者注

[3] 约翰·弗里德里希·赫尔巴特(Johann Friedrich Herbart, 1776—1841),德国哲学家、心理学家、科学教育学家,创办了实验学校,被称为近代教育学之父。——译者注

[4] 奥维德·德可罗利(Ovide Decroly, 1871—1932),比利时心理学家和教育学家。——译者注

[5] 道尔顿计划,一种由著名进步主义教育家海伦·帕克赫斯特(Helen Parkhurst)在 20 世纪初创立的教育理念,又称为"契约式教育"。——译者注

［6］原文为拉丁语 *Specie tua et pulchritudine tua intende，prospere procede et regna*。出自天主教赞美诗第44；5节。——译者注

［7］马库斯·法比尤斯·昆体良（Marcus Fabius Quintilianus，约35—100），古罗马演说家、修辞家、教育家，注意儿童教育以及儿童语言、算术和几何的发展。——译者注

［8］指《马太福音》第22章第1—14节中耶稣对天国的比喻，人被召唤和救赎，却遭到拒绝。——译者注

［9］卡尔·克瑞尔（Karl Krall，1863—1929），德国动物心理学的先驱，威廉·冯·奥斯登的朋友，训练了两匹会算术的马，后被称为"艾伯费尔德之马"。1912年出版了《会思考的动物》一书。——译者注

［10］奥斯卡·冯斯特（Oskar Pfungst，1874—1933），德国比较生物学家和心理学家。——译者注

［11］威廉·冯·奥斯登（Wilhelm von Osten，1838—1909），德国数学教师、神经病学家、业余马术教练。曾经训练了一匹能够认字、拼写和算术的马，称为"聪明的汉斯"并受到广泛关注。——译者注

［12］丈夫是卡尔·布勒（Karl Bühler，1879—1963），德国心理学家，维也纳心理研究所的创办者。——译者注

［13］爱德华·克拉帕雷德（Edouard Claparede，1873—1940），瑞士精神病学家、儿童心理学家和教育家，著有《儿童心理学》等著作。——译者注

［14］路易吉·阿罗西奥·伽伐尼（Luigi Aloisio Galvani，1737—1798），意大利医生和动物学家。他通过青蛙实验发现了生物电，称为伽戈尼电流。

［15］达姆施塔特（Darmstadt）和新帕扎尔桑扎克（Sangiaccato di Novi Bazar）是发音复杂的地名，急剧而下（Precipitevolissimevolmente）是意大利语最长的单词之一，有11个音节。——译者注

［16］意大利文是 Di Donato。——译者注

［17］英文 mneme，指心理学和生理学意义上的记忆。——译者注

［18］naughtiness 译为"淘气"、"不听话"，evil 译为"邪恶"，badness 译为"恶劣"。——译者注

［19］OMBIUS，原文是 Organizzazione del Male che prende la forma del Bene, e che è Imposto dall'ambiente alla Umanità intiera con la Suggestione. 可以简单称为"伪善"。——译者注

［20］让·马克·加斯帕尔·伊塔尔（Jean Marc Gaspard Itard，1774—1838），法国医生，被誉为启智教育的先驱，蒙台梭利的教育理论和方法受其影响。——译者注

［21］3R 是"reading，writing，reckoning"的缩写。——译者注

［22］大卫·迪令格尔（David Diringer，1900—1975），英国语言学家、古文字学家和作家。——译者注

图书在版编目(CIP)数据

家庭中的儿童与人格塑造/(意)玛丽亚·蒙台梭利
(Maria Montessori)著;梁海涛译. —上海:上海人
民出版社,2018
(世界教育名著译丛)
ISBN 978 - 7 - 208 - 15213 - 7

Ⅰ.①家… Ⅱ.①玛… ②梁… Ⅲ.①儿童心理学-
人格心理学-研究 Ⅳ.①B844.1

中国版本图书馆 CIP 数据核字(2018)第 107909 号

责任编辑 任俊萍
封面设计 张志全工作室

世界教育名著译丛

家庭中的儿童与人格塑造
[意]玛丽亚·蒙台梭利 著
梁海涛 译

出　　版　上海人 民 大 版 社
　　　　　　(200001　上海福建中路 193 号)
发　　行　上海人民出版社发行中心
印　　刷　常熟市新骅印刷有限公司
开　　本　890×1240　1/32
印　　张　6.5
插　　页　5
字　　数　126,000
版　　次　2018 年 6 月第 1 版
印　　次　2018 年 6 月第 1 次印刷
ISBN 978 - 7 - 208 - 15213 - 7/G · 1902
定　　价　40.00 元

Maria Montessori
IL BAMBINO IN FAMIGLIA
Garzanti Libri S.p.A.
Aprile, 2000

———————————————

Maria Montessori
FORMAZIONE DELL'UOMO
Aldo Garzanti Editore s.a.s.
30 luglio 1968